寻味广西

颜桂海 著

U0248083

北京出版集团公司
北京出版社

寻味广西

外地游客到广西作客，目的不外乎三件事：赏旖旎风光、探厚重文化、品特色美食。

祖国南疆美丽神奇的广西壮族自治区拥有奇特的喀斯特地貌，灿烂的文物古迹，浓郁的民族风情，景色独具魅力，而美食更加可口诱人。聪明的广西人善于把文化与美食充分结合，向世人展现一幅多姿多彩的南国美食文化画卷。

八桂大地有 14 个地级市，聚居着众多少数民族，百姓的日常饮食虽然主要以清淡为主，但也各具特色。广西属粤菜菜系地区，因为饮食文化的不断交流，两广饮食口味比较接近，所以粤菜在广西境内有非常广的影响。广西沿海、沿边的地理位置和浓郁的民族风情，造就了当地独特的饮食风格，即物料以山川江河的产品为主，烹饪手法多为煎、炒、蒸、煮、扣、酿、焖，口味清甜、微辣。八桂首府：美食鲜嫩爽滑；桂西桂北：全民吃香喝辣；邻粤桂东：主打粤味清淡；北部湾畔：海韵味十足。这其中又以南宁武鸣柠檬鸭、柳州螺蛳粉、桂林融水酸鱼、梧州龟苓膏、北海酥脆虾饼、玉林牛巴等最为典型，都是八桂居民从源远流长的菜谱中挖掘出来的。

〰〰 自古以来广西就是官宦商旅云集之地，所以其饮食习惯融合了各地的饮食特点，兼收并蓄了粤、川、湘、浙、赣、闽等地方菜肴的风味。

〰〰 广西有着深厚的民族文化底蕴和悠久的历史文化传统，美食文化绚丽多彩，现在，其美食文化正以自身独特的魅力走向全国，走向世界。

本书特色如下。

★实用：每个景点都详细地罗列了当地的良品佳肴，使游客在欣赏广西风景名胜的同时也能大饱口福，实为不可多得的广西自助游美食实用手册。

★全面：从欣赏广西的旖旎风光到品读当地的民族风情，从体验不同的饮食文化到品尝地道的特色名菜，在这里，我们和你一起重新体会广西与众不同的味道。

★美味：不管是高大上的餐厅，还是不起眼的街边美食，都足以惊艳你的味蕾，让你回味无穷。你会觉得，广西不仅有独特的自然风光，还有让食客们念念不忘的各种美味。

目 寻味广西

CONTENT 录

Part ① 味道首府满城香

首府南宁的美食讲究鲜、嫩、爽、滑，加上浓郁的民族风味，让人胃口大开；南宁的"兄弟"崇左，靠近中越边境，且在首府的周边，不仅风景名胜众多，而且有独特美食，让人忍不住吮指谈吃，一饱口福。

Part ② 吃香喝辣在桂中

桂中美食，山肤水豢，麻辣鲜香。柳州人口味重，偏辛辣，小吃首推螺蛳；在佛教名山桂平西山品尝罗播肉酒，自然悟出禅道；在来宾，有魔芋豆腐、红糟陪伴，再寡淡的日子也会变得富足而有滋味。

Part ❸ 色香味醉桂东南

梧州美味食不厌精，脍不厌细，口味以粤菜为主，也掺和了广西本土口味，追求生猛；质嫩爽口是玉林美食的特点，喜欢清淡；贺州唇上那一抹活色生香，云集了三省区美味，让人的食欲有增无减。

Part ❹ 桂林美味甲天下

桂林山水甲天下，桂林美食香千里。秀色可餐、大快朵颐，成了品尝桂林美食的永恒故事。因旅游的发展，桂林已形成了有桂林地方特色的风味美食。狠狠吃几顿正宗桂林美食，才能有满足感。

Part ❺ 海韵风味北部湾

大海边，树荫下，依滩傍北海的海鲜大排档，美景吸引众多游客，食客都是奔着海鲜而来；在防城港凭栏靠海，一边品美食一边喝酒，很容易让人陶醉；在钦州品尝特色美食，更是让人念念不忘。

Part ❻ 挡不住的老区滋味

百色美食，千般滋补，万种滋味。一片洒满先烈鲜血的热土，一座英雄的城市，美食以桂西风味为主，常以滋补为主，定会令你口水决堤；河池美食杂合百家，独创特色风味，难忘味蕾快乐感觉。

田东县

马山县

上林县

平果县

高峰柠檬鸭（灵水分店）●　　　孖仔饮食店●

宾阳县

金威雁江米粉美食店●

天等县

西乡塘区

大新县

●复记老友粉
（中山路店）

●食口福餐馆

江南区

●张记沙糕专卖店

钦北区

情系边关屈头蛋小吃店●　　上思县

钦州市

防城港市

Part 1
味道首府满城香

首府南宁的美食讲究鲜、嫩、爽、滑，加上浓郁的民族风味，让人胃口大开；南宁的"兄弟"崇左，靠近中越边境，且在首府的周边，不仅风景名胜众多，而且有独特美食，让人忍不住吮指谈吃，一饱口福。

香辣南宁老友粉，
一碗下肚暖全身

店　　名：复记老友粉（中山路店）
地　　址：南宁市青秀区中山路美食街
电　　话：13977113335
推荐指数：★ ★ ★ ★ ★

到南宁，一定要吃酸鲜辣香的老友粉。老友粉是广西壮族自治区（以下简称广西）首府南宁美食的金字招牌，它口味鲜辣，汤料香浓，春夏季吃着能开胃，秋冬季吃着能驱寒，是南宁饮食文化的一张精彩名片。

记忆最深的是中山路美食街的复记老友粉中山路店，这家是经营多年的老字号。店面又小又挤是其特点，但店门口永远都挤得满满当当的，几张小桌子都摆到街边人行道上了，很多人执着地排队等着位。这家老友粉的味道好，所以来吃的多是回头客，就餐时间里，食客挤得特满。

在南宁，关于老友粉还有一个脍炙人口的传奇故事。20世纪30年代初，在邕江边的南宁码头有一家由一位老翁开设的米粉食肆，因其米粉实惠便宜，每天都吸引很多码头工人光顾。一天，老翁得知往日常来的码头工人阿三因患严重风寒感冒而卧床不起，于是老翁用精制米粉佐以爆香的酸笋、蒜末、肉末、豆豉、辣椒、胡椒粉等，煮成一碗米粉，送到阿三的床边。阿三吃后，马上出了一身汗，全身暖热，病状减轻，不久病情竟然不药而愈。阿三对老翁感激不尽，并赠予老翁一块"老友常临"的牌匾。从此，南宁一带就开始流传这碗米粉的传奇佳话，并渐渐传遍八桂大地，此后便有了著名的"南宁老友粉"。老友粉因为其佐料丰富而深受食客们的喜爱，虽然味道上又酸又辣，但酸辣得绝不过分，刚好是勾起了食欲又不会太过刺激的程度。米粉滑爽筋道、弹性极强，与脆笋丝和肉末搭配起来吃，是一种非常酣畅过瘾的享受。

在简陋的餐桌旁，南宁文友陈洪健告诉我，老友粉以自己独特的方式，把酸和辣巧妙地结合在一起，形成了南宁小吃的独特风味。2007年，南宁市公布了首批26项非物质文化遗产名录，"南宁老友粉"制作工艺还入选其中呢。的确，老友粉食之开胃、驱寒，深受食客欢迎而经久不衰。

佐料丰富、鲜美嫩滑的南宁老友粉

如今，它已经成为南宁标志性的特色小吃，无论是本地市民还是外地游客都纷纷慕名品尝。

那么老友粉是用什么原料制作的呢？据悉，其做法是：首先把鲜猪肉切片，放入盐、姜末、料酒、胡椒粉、柠檬汁、生抽、淀粉等调味品腌渍几分钟。把时令青菜洗净切丝，酸笋切丝，辣椒切段。备好米粉适量。接着把酸笋倒入锅内焗一下，敛水。然后放油，倒入配料与酸笋同炒，爆出香味。倒入腌好的肉爆炒至半熟，加入适量酱油和食醋。再加入适量水或骨头汤，放入青菜丝，以大火煮开。然后放入米粉，煮开便起锅。这碗米粉从用料比例到原料制作，从烹饪的手法到时间掌握都很有讲究，很考验厨师的技能与工艺技巧。

老友粉口味鲜辣、汤料香浓，其"酸酸鲜、辣辣咸"的浓郁风味一直深受食客们的喜爱，被称为"首府人的早餐"。如今，老友粉这一传统名小吃在南宁以及周边县市

在热闹的南宁美食街吃老友粉是一种极好的享受

南宁老友粉

都可品尝到，街边的老友粉价钱每碗一般是 5 元左右，味美价廉。

在中山路美食街，我选择了复记老友粉这家店，在离该店门还有较远一段距离时，就闻到了浓郁香味，现在吃到嘴里感觉更是美妙。可能是炒制的原因，汤味很浓郁，粉也不错，酸辣味足，酸笋味道也正宗，尤其是粉中的猪肉味挺特别，据说是用柠檬汁腌渍的。

由于老友粉味道特别，又酸又辣，吃到肚里感觉酸、鲜、辣、香一齐涌上来，顿时全身冒汗，汗流浃背，辣得痛快淋漓而欲罢不能，舒服坦然至极，让人真正享受到了老友粉的地道特色美味。

其实，人生也仿佛这老友粉的味道一样，由甜、酸、辣、咸各种味道构成，只有这样才能成就多彩人生。

隆安一绝雁江米粉

店　　名：金威雁江米粉美食店
地　　址：南宁市隆安县城厢镇蝶城东路隆安汽车站旁
推荐指数：★★★★★

我品尝广西隆安县雁江米粉，是在 2012 年 5 月，当时作为特邀嘉宾参加隆安首届"那文化"旅游节。我认识和品尝隆安雁江米粉就是从"那"开始的。

悠然行走在右江河畔的石板街道上，镇上的老人告诉我，雁江古镇制始建于清乾隆三十九年（1774 年），历史悠久，留存有四座孔明井及三条古街。孔明井相传为 1 700 多年前诸葛亮命部下挖掘而遗留的古迹，古街均由青石板铺就，两旁有连通一体的古楼房、骑楼。我观赏了古镇、文武庙、孔明井后，当地人说："你们一定要品尝雁江米粉，否则就不算到过隆安。"

在当地文化、旅游部门开设的美食一条街上，我很容易就找到了位于县城厢镇蝶城东路隆安汽车站旁的金威雁江米粉美食店，店中很干净，四五名女服务员统一着深紫色工作服，面带微笑。店中的雁江米粉有卷粉、切粉，都是即加工即吃，那美味一下子吸引了我，激发了我的食欲。

如今的雁江米粉美名传扬，堪称隆安一绝。它的选米、磨粉、调浆、蒸制等步骤都十分讲究，且汤料上乘，粉、汤、料缺一不可。

才放下菜单不久，服务员已经把一碗雁江米粉端到我面前。瞧着一大碗由黄亮的汤汁、嫩白的粉条、新鲜的肉块、翠绿的葱花组成的米粉，我的口水能不"决堤"吗？碗中一小块一小块的乳白色米粉与各种配料相映成趣，红红的辣椒油漂浮于碗中，煞是好看。看着这美食，我不禁拿起了筷子，挑一束米粉进嘴，其薄、软、韧、爽口且富有弹性，吃下去满口米香。这碗米粉，香、滑、脆、韧、咸适度，吃起来口感顺滑，食之不腻。

现场的米粉师傅告诉我，雁江米粉久负盛名，从南宁到百色，都有它的传说，从新中国成立前一直流传至今。但是它的制作方法很独特，只有用雁江优质大米再加雁江

粉、汤、料缺一不可的
雁江米粉

口感顺滑，食之不腻

优质山泉水或者井水，才能制作出特有的味道和口感。它的制作讲究的是一个过程，将优质大米淘洗冲净后用优质山泉水或者井水浸泡四五个小时。随后便是磨米浆，最好采用传统的做法，就是用小石磨碾磨，这样米浆不易糊。接下来点浆的工序尤为关键，点浆是将生浆和熟浆按严格的比例进行调制。上锅蒸制最主要的是要掌握火候，雁江人蒸米粉用的都是柴火灶，这样蒸出的米粉才没有异味，用猛火蒸起大泡的米粉为最佳。

上好的米粉还要有上乘的佐料来搭配，佐料就是猪骨熬汤加上香料，以及秘而不传的配料，和米粉一拌，使人吃起来唇齿留香。

一碗雁江米粉传承着隆安的本土文化，一碗米粉引领着一个市场，凡是从外地回来的人或者外地客人来到隆安，一定都会品尝雁江米粉，这就是雁江米粉所承载的美食文化情结。这次我有幸充分感受了"那"文化，真正体验了隆安美食。

酸酸辣辣武鸣柠檬鸭

店　　名：高峰柠檬鸭（灵水分店）
地　　址：南宁市武鸣区灵水路武鸣灵水医院分院旁
电　　话：0771-6228633
推荐指数：★ ★ ★ ★ ★

吃武鸣柠檬鸭，是在大学同班同学聚会时的一次偶然的机会。那年暮春，广西南宁市武鸣区的同学邀请我们 10 多个同学到他家聚会，所以便"创造"了一次摘杨梅、品尝武鸣柠檬鸭的机会。

武鸣是南宁市新成立的城区，位于广西南部，大明山以西，地处右江支流武鸣河流域，城区距南宁市区约 32 千米。那天，我们从南宁市区出发，车出市区后，又行驶了10 多分钟便到了同学所在的农村老家。

武鸣山清水秀，有因大文豪郭沫若诗赞"群峰拔地起，仿佛桂林城"而闻名海内外的伊岭岩；还有雄踞桂中南，享有"广西庐山"美称的大明山自然保护区。而且武鸣还是壮族人聚居的地方，是壮语的发源地。

同学带着我们进入杨梅园，先采摘杨梅。他说："先品果后品尝武鸣柠檬鸭，先后品尝两种含酸的美食，也别有一番情趣啊。"

顺着山间蜿蜒小路前进，我们走进他的山庄，只见杨梅挂在枝头，闪红烁紫，俏丽诱人，田园风景美不胜收。我摘一颗放进嘴里，真是鲜甜无比。能亲手采摘新鲜的杨梅吃，实在是一大口福。我们一边走着，嘴里还一边品尝着甘甜的杨梅，心里甜滋滋的。

我们口中还留着杨梅味，同学微笑着对我们说："等一会儿，我带大家去高峰柠檬鸭灵水分店品尝正宗的武鸣高峰柠檬鸭。"何为武鸣柠檬鸭？同学告诉我们，它是武鸣区一带的特色菜肴，其做法是：将宰后洗净的鸭切成块，入锅炒至六分熟再放入切成丝的酸辣椒、酸姜、酸柠檬、酸梅、生姜及蒜泥，反正以酸为主，共同煨至八分熟，再放入盐、豆豉，炒熟后淋上香油即可出锅。其味酸辣适宜，

制作柠檬鸭，这种优质柠檬少不了

柠檬鸭中细
腻的鸭肉

鲜香可口，极其开胃，食后令人胃口大增。

　　我们 10 多个同学驱车来到武鸣高峰柠檬鸭灵水分店，在包厢里坐下来，在我们喝了几壶横县茉莉花茶后，盼星星盼月亮一般，终于见到服务员捧上来一碟柠檬鸭。看着这碟武鸣柠檬鸭外观，冒着油汁，金黄诱人；闻其香，柠檬与鸭肉香飘扑鼻；品其味，柠檬的酸香中透着酸梅子的甜味，微辣中藏着鸭肉的细腻。

　　我迅速拿起筷子，夹一块鸭肉先尝为快。只觉得鸭肉酸酸辣辣，第一口感觉强烈，第二口开始就几乎不能停下筷子了。鸭肉香脆有肉感，不软不腻不臊不腥，且带有特别的柠檬香气。我们离开喧嚣的首府大都市南宁，在大山深处这片被清新空气所包围的山野竹林下，细嚼慢品这美味的柠檬鸭，真是别有一番风味。

看着我吃得如此痛快，同学站起来，以东道主的身份和口吻介绍道："柠檬鸭的酸香辣气并不仅仅是柠檬的功劳，实际上在爆炒的时候就已经放入酸辣椒、酸姜、蒜泥等，待它临出锅前，还需加入咸柠檬和紫苏进行调味。"

他说，炒制柠檬鸭的工艺是用炸氽法。其实，咸柠檬不是鲜柠檬，是用盐腌制过的青柠檬。把青柠檬装入玻璃缸，撒盐，合盖密封。头一个星期放在太阳底下晒，柠檬就会出水，盐会化开，之后放在阴凉的地方即可。柠檬之酸，对鱼类可解腥，对肉类可使其松软，配搭鸭子这种气味浓重的菜肴则可以消除其过度油腻的口感，使食客为之一爽，那味道了不得啊。

当地有句俗话："喝鸭汤，吃鸭肉，一年四季不咳嗽。"柠檬鸭是一种滋阴的食物，对于体质偏弱的阴虚者来说，常食很有疗效。同时，柠檬鸭肉有一定的营养价值和药用价值，食疗功效明显。原来，喝鸭汤、吃鸭肉还有如此功效。看来不枉武鸣之行。

散养的鸭子肉质最好

宾阳渡菜乡土味十足

店　　名：孖仔饮食店
地　　址：南宁市宾阳县新桥镇
推荐指数：★★★★★

宾阳县位于八桂腹地，有 2 100 多年的历史。它不仅以"百年商埠"闻名，而且有一道"宾阳渡菜"同样为人们所十分熟悉。

宾阳境内河流密集，水库众多，恩泽着大地，所以当地百姓出行的时候，就常常要渡河或者渡水，也许"渡菜"一词就是这样得来的。

前不久，我到南宁出差，宾阳文友李言文约我顺便到他那里走走。那天清晨，我搭直达班车，30 多分钟后就抵达宾阳了。李言文说带我到新桥镇品尝宾阳美食——渡菜，算是为我接风洗尘。

我们驱车来到新桥镇街区的孖仔饮食店，点了一盆渡菜当早餐。老板李飞告诉我们，饮食店刚刚从村里买回一

隔水加热蒸熟的
宾阳渡菜

些猪的内脏，十分新鲜。我走进厨房，看见小厨师正在认真地清洗新鲜的猪肚、猪小肠等。

究竟什么是渡菜呢？我纳闷着。李言文向我介绍了渡菜的做法：将新鲜的猪肚、猪大肠、小肠、猪腰、猪肝、瘦肉等洗净切好，再配以芹菜、葱段、蒜片、姜丝、辣椒、料酒、油、盐和少许上汤，将这些搅拌均匀，放在一只开口金属盆里，然后把金属菜盆放在热水沸腾的锅里，隔水加热蒸熟，当地人称其为把菜"渡"熟。

说到"渡"，很多人就会想到与渡口、渡桥、渡河等和水有关的词，为此，我决定探究一下。在饮食店的厨房里，有一口热气腾腾的大锅，厨师正在采用隔水蒸熟的办法做渡菜。我揭开锅盖，只见盛装渡菜的盆就像水中的一条小船漂浮在水面上，搅拌的时候就像船夫摆渡一样，这做法的确有点新鲜。饮食店老板说，这种做法非常简单，将装好还未烹制的猪肚、猪大肠、小肠、猪腰、猪肝、瘦肉等猪杂渡菜放到金属盆中，然后将金属盆放入沸水中隔水蒸煮。

就在我们聊天的时候，不知不觉间已过了20多分钟，一盆色香味俱全、乡土味十足的渡菜就做好了。

话说间，只见一位女服务员用一块布垫在高温的渡菜盆下，双手将盆捧上桌面来，这道菜还冒着腾腾的热气呢。"渡菜来了，请慢用！"顿时，一阵鲜美的猪杂香味飘荡在整个饮食店。

我拿起筷子，把一块猪肝、一块猪肚"合二为一"夹入口，感到非常爽口、滑嫩、有弹性，汤汁里融合着肉的鲜味，肉的味道非常鲜嫩、清甜，而汤则非常鲜美。原汁原味隔水蒸煮而熟的这道菜，比起炒制的菜油脂少得多，营养的损失也大大减少了。这样的做法不仅保留了猪杂的营养，也保持了肉质的鲜嫩！再喝几口老板自家酿制的糯

极易触动味蕾的渡菜猪杂

米酒，这样吃早餐的感觉我还从来没有尝试过。

　　这一顿早餐，我把各种猪杂都品尝到了，可算是吃了一头"全猪"啊。

　　老板走过来，向我们一桌食客逐一递上香烟。他说："吃猪杂渡菜的最佳时间是清晨，因为这时各饭店或者大排档刚从卖场买回新鲜猪杂，烹饪出来的渡菜特别鲜美可口。"清晨，饭店或者大排档往往把桌子摆到户外，人们一边乘凉，一边品尝热气腾腾的渡菜猪杂、猪杂烩，这已成为当地一景。不仅本地的居民，而且周边的南宁、来宾等地方的食客也会来品尝这道渡菜。

　　邻桌的食客说："这道渡菜味道很好，够鲜美，但也有明显的缺点，就是它营养太足了，肥胖的人是不太适合吃这道菜啊。"

广西宾阳有湿润的气候、交错的河流、众多的百年榕树，只有这样的灵秀之地才能孕育出独特的"宾阳渡菜"

提神醒脑的凭祥屈头蛋

店　　名：情系边关屈头蛋小吃店
地　　址：崇左市凭祥市城区友谊关景区附近
推荐指数：★ ★ ★ ★ ★

中越边境的广西凭祥市友谊关是一座历史悠久的著名边关，在这里，我曾经挥洒过青春与汗水。

去年，我故地重游，找到了昔日的战友、如今已在凭祥市落户的农高强。战友相见有说不完的话。我说："咱们分别近 30 年了，我早已从事新闻出版行业，长年累月上夜班，积劳成疾，患上了偏头痛，常常失眠。"

也许讲者无意，听者有心吧。农高强听后很为我担忧，他对我说："你的偏头痛嘛，据说我们当地的凭祥屈头蛋对此有疗效，你不妨一试。"屈头蛋对偏头痛有疗效？屈头蛋是什么东西？

原来，屈头蛋是把自然条件与环境下孵化 20 天左右的鸭蛋煮熟并去壳，再浇上新鲜柠檬汁，撒上炸葱头、姜丝、生盐、芫荽等制作而成的，吃起来别有风味，是凭祥当地人最喜食的小吃之一。据民间传说，它可补脑提神，可治偏头痛，具有与人胎盘一样的清补作用。

次日，农高强驱车带我到友谊关景区附近的一家名叫情系边关屈头蛋小吃店的街边店，坐了下来。他买了四只屈头蛋，我俩每人两只。只见他用手干净利落地剥开了蛋壳，里面露出了又红又白的东西来，我越看越不敢吃，真不知道味道如何。实际上，每只屈头蛋就是一只已经基本成形的雏鸭。看着碟里红白相间的东西，让我不禁联想颇多，似乎有一种厌恶感涌上来。

我小心翼翼地举箸品尝，用筷子夹了小半块屈头蛋咬了一口，感到一种说不出的味道，看起来就更恐怖了，屈头蛋里面的鸭子已初具雏形，甚至还有羽毛，我不敢吃了，看着都觉得害怕，于是便"驻筷观看"。

农高强说，一般外地游客来凭祥，总要吃上几次才能

令人提神醒脑的屈头蛋

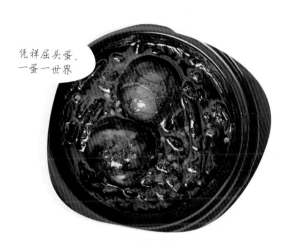

凭祥屈头蛋，
一蛋一世界

吃出味道来。它具有保健功效，尤其是对产后的妇女和偏头痛患者有较好疗效。

看到碗里红白相间的屈头蛋，虽然感觉它有点恐怖，甚至有点恶心，但闻到香味独特且很浓烈，我最终禁不住香味的诱惑，勉强吃了一点，食之香、辣、酸、脆，觉得味道蛮不错。其实，它的配料非常好吃，有薄荷、紫苏、香菜丝、醋腌过的蒜头和姜丝，再混合醇香的柠檬汁，喷喷，真是开胃爽口。

我觉得又香又甜又辣，吃了还想吃。正在旁边吃屈头蛋的当地一位边民说，她原来也不敢吃这种屈头蛋，后来吃了两三次后，就喜欢上了这种小吃。

在凭祥边关，我品尝屈头蛋，就是冲着屈头蛋"提神醒脑，可解偏头痛"的疗效而去的。也许是屈头蛋的疗效，抑或是心理作用，连吃三天后，我真感觉偏头痛症状有所缓解呢。

这次边关凭祥之旅给我留下的最深刻记忆，除了友谊关，就是屈头蛋了。

美女村素炒芭蕉蕊，野味环保

店　　名：食口福餐馆
地　　址：崇左市龙州县金龙镇
推荐指数：★★★★★

素炒菜也许你吃过不少，但有一道野生素菜应该很少有人吃过，那就是广西龙州县的素炒芭蕉蕊。这道野味佳肴既味美又环保。

那年盛夏，我参加了中越边境之旅。昔日的同事班翔得知我到了龙州，执意请我到她家作客。她开车来到县城接我。经过两个多小时的路途颠簸，终于到了她家。

她家位于龙州县金龙镇板石村板池屯，因村里的姑娘个个长得水灵秀气而得名"美女村"。美女村是少数民族村寨，得益于当地优质山泉，所以村民们容貌姣好，又多长寿，80 岁以上的高龄者随处可见，又名"长寿村"。相传该村居民的祖先由云南傣族聚居地迁来，历经千百年和当地壮民通过通婚等交往，很多人兼具两个民族的特色。喝着该村"美女泉"长大的板池屯的姑娘，个个出落得体

这种芭蕉花蕾是素炒芭蕉蕊的最佳材料

形佳、容颜美，而且聪明伶俐，手艺精巧。

那天，我进入该村，只见该村四周平坦开阔，房屋错落有致，其民风及语言兼有壮、傣两族特点。环顾四周，芭蕉林一望无边，竹木茂盛，村里时不时走出来的女子，个个肤色白净，面容清秀而姣好。其实，班翔也是一个美女，一头如丝缎般的黑发随着山风飘舞，弯月般的柳叶眉，樱桃小嘴，一双顾盼生辉的大眼睛，精巧的鼻梁，微微泛红的粉腮，洁白的脸庞晶莹如玉，美得恰到好处。

到了她家，她炒了三道菜招待我。在那三道菜中，给我印象最深、最值得回味的就是那道野菜——素炒芭蕉蕊。这道菜是那么有滋有味。

开始做菜的时候，班翔还跟我说："我还要炒一道素炒芭蕉蕊给你吃，这道菜你们城里人肯定没吃过。我们村民最喜欢用芭蕉的花蕊苞做菜，不过它是素菜，你不要介意啊。"话说间，只见她拿了一把长柄刀，走到屋边碧绿的芭蕉林中，手起刀下，斩下了一只含苞欲放的芭蕉蕊苞，那只呈橄榄形的红褐色粗大芭蕉蕊苞应声而下，随后一滴滴芭蕉汁不断地滴下来。

她抱着那只芭蕉蕊苞回到了厨房，把芭蕉蕊苞外面两三层老花瓣剥掉，然后将鲜嫩的还没绽放的蕊苞洗净，切成两三厘米长的细条状，芭蕉蕊呈现出红、紫、白、微黄的颜色。随后她把它们放进锅里用水煮熟后，便迅速倒进盛有冷水的大盆中进行冷却。此时，只见一盆水马上变成了紫色。她又用水过滤了四五次，并不断地加入少许食盐搓、揉、捏，挤掉花蕊中的涩味汁，直至盆中水变清为止，她边忙活边对我解释道："这是为了去掉其涩味！"

我们与美女村的几个村民天南地北地海聊，不久便到了做饭时间。班翔把芭蕉蕊条从水中捞出，用手挤去水分，然后放进锅中进行爆炒，并加入生姜、指天椒、芫荽、葱段、五香粉等配料。不一会儿，一盘美味的素炒芭蕉蕊便端上桌来。我们细细品尝着，感到它酥脆咸麻，鲜香味实，美味可口，野味十足，且紫红、米白、微黄三色相间，色艳味美。

食用芭蕉蕊苞不但看上去赏心悦目，而且最难得的是经过一番煮、烹炒之后，花蕾的芬芳仍留于唇齿间。面对这一盘活色生香的"花花世界"，感受花蕊在口中所带来的美味，真是花不醉人人自醉。村民告诉我，芭蕉的花蕊有化痰软坚、平肝、和淤、通经等功效，炒过后的芭蕉蕊的韧劲刚好合适，口感绝对一流。

傍晚时分，在风光美丽的小村落里，可看到来来往往的美女，我不禁浮想联翩。这美女村的美女容貌，恐怕不仅得益于村"美女泉"的泉水，而且与这人间环保美食——素炒芭蕉蕊肯定有着千丝万缕的联系。

品尝着这道素炒芭蕉蕊，耳边传来激昂雄壮的音乐，一下子就把我的思绪拉回到现实中来。龙州不光自然风光秀丽，地质景观独特，而且名胜古迹众多，文化底蕴深厚。这美食不愧是大自然对当地居民的最好馈赠。此行使我对

"美女村""长寿村"有了初步的理解与认识。

夜幕下，民居屋檐下，我回味着这道菜，心里想如果城里的餐馆也有这道绿色环保的美味，那该多好。我问班翔："城里会有这道素菜吗？"班翔笑着说："有！我们的金龙镇街区上的饭店都有，而且也是按照我们的做法做的，他们炒得更好。这道菜，在镇上的中国邮政储蓄银行旁边的食口福餐馆就有，还是这个餐馆的招牌菜。"原来，此美味不仅在偏远的乡村里有，而且在热闹的镇上也有，我不禁惊叹。

用这种芭蕉蕊素
炒出来的野菜口
味令人难忘

看似花却是菜的美
女村素炒芭蕉蕊

鉴赏花山壁画，
吮指谈吃花山沙糕

店　　名：张记沙糕专卖店
地　　址：崇左市宁明县驮龙镇宁明花山
推荐指数：★★★★★

今年春节期间，在喜庆的氛围中，我到崇左市宁明县驮龙镇农村探望昔日的同事张永勤。在中越边境的宁明县花山壁画下品尝花山沙糕，别有一番美食文化风味。这种美味花山沙糕真是餐前开胃的最佳小食。

对于花山壁画与宁明花山沙糕的历史与典故，张永勤可是了如指掌。在去观看花山壁画的途中，她将花山壁画的历史向我娓娓道来。她说，花山地处驮龙镇，有一座峰峦绵延的断岩山，临明江西壁断裂，临江峭壁上布满了神奇的远古岩画，这便是国家重点保护文物——宁明花山崖壁画。

壁画，有人也称它为岩画，就是刻画在山洞壁上或山崖上的图画，它的创作时间大多在旧石器时代后期到铁器时代早期，画面内容多是狩猎、野兽、家禽等，它们是人

香甜可口又松软的花山沙糕

类祖先生活情景和思想智慧的反映，有着非常珍贵的研究和观赏价值，是了解一个民族发展的重要依据。

我们乘坐的游船徐徐驶往花山，两岸青峰连绵不断，隔江兀立，崖峭如削，对峙如门，给人以只可仰观的高冷感。

在欢乐的游船上，张永勤拿出她带来的花山沙糕请大家品尝。看着这美味，我问她，这种小吃在哪里有卖的？她每人分一块沙糕，一边分一边回答："这小吃在农村里，每逢春节期间，家家户户都会做，是季节性的小吃。在我们宁明县驮龙镇街区的花山张记沙糕专卖店就有卖的。"我们一边观赏风光，一边品尝沙糕。没多久，只见远处出现了褐色的山体，淡黄的崖壁上点缀着一种红色。细问之下，才得知那就是著名的花山壁画代表作。

　　边欣赏壁画边品尝沙糕，真是别具情趣。其实沙糕与壁画一样，都很有名。按照壮族农家的风俗，逢年过节必有沙糕，沙糕中蕴藏着浓浓的乡情，带给亲人美好的祝愿。因为"糕"和"高"同音，村民期盼的就是过上幸福美满的生活，期盼生活水平一年比一年高。

　　怪不得春节期间，我们在宁明县城随处可见花山沙糕。据说，花山沙糕有海渊沙糕、那堪沙糕、明江沙糕等几种不同类型，手法各异，风味也各具特色。"沙糕是如何制作的呢？"我掰了一小口沙糕放入嘴中，好奇地问张永勤。她说，宁明沙糕是将芝麻、麻油、熟油、白砂糖及精糯米粉炒熟后，置入大木格中，经过压制成为宽扁形，再用格刀将其分割成均匀小块。

　　我咀嚼着沙糕，感到它入口即化，松软香甜，口感细腻，不由得赞不绝口。原来只是觉得那东西太甜，容易腻。

　　如今，沙糕已成为桂南民间的礼品之一，其中最著名的是宁明县海渊镇的"张记沙糕"。据县志记载，早在宋代狄青远征广南（即今广西）时，当地人就制作沙糕作为干粮，供官兵食用。明嘉靖年间，海渊镇的沙糕已成为贡品，其中以张效瑞师傅制作的沙糕口感最佳，"张记沙糕"由此声名远扬。

　　老船工老李见我们聊得正欢，也情不自禁地加入聊天的行列，并充当义务讲解员。他指着远处的花山壁画说，像这样的壁画，在左江、明江的悬崖峭壁上，还有50多处，其中各种人物、动物和器物等画像近1 800幅。因为宁明县的花山壁画发现早，图像多，画幅大，所以统称为"花山崖壁画"。新中国成立不久后便创刊的《广西日报》，几十年来的副刊版仍然以"花山"为版名呢，可见花山在广西人的心目中的地位之重要。

我们远看花山壁画，发现它以红色基调为主，画像中的人物、动物、器物等都栩栩如生。

边游山水边看壁画边品尝沙糕，身处秀丽山水间，呼吸着山间清新空气，我们感到非常惬意。相信美味的宁明花山沙糕，在不久的将来，也将与花山壁画一样驰名天下。

花山沙糕与花山壁画一样铭记于人们心中

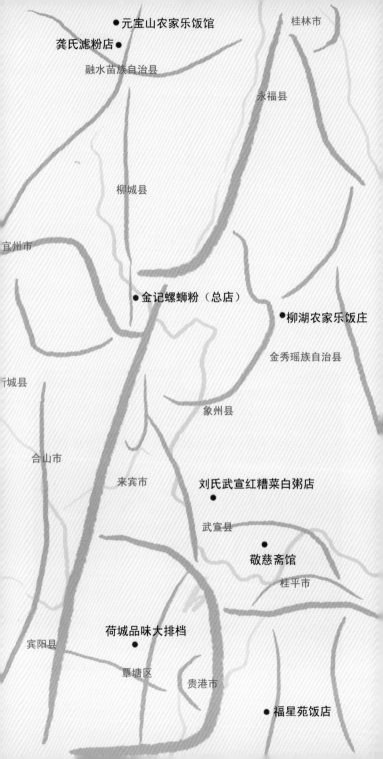

Part 2

吃香喝辣在桂中

桂中美食，山肤水豢，麻辣鲜香。柳州人口味重，偏辛辣，小吃首推螺蛳；在佛教名山桂平西山品尝罗播肉酒，自然悟出禅道；在来宾，有魔芋豆腐、红糟陪伴，再寡淡的日子也会变得富足而有滋味。

柳州螺蛳粉香天下

店　　名：金记螺蛳粉（总店）
地　　址：柳州市城中区曙光西路
电　　话：13657800510
推荐指数：★ ★ ★ ★ ★

一碗好米粉能表达美食文化的精细体验，把米粉做成一种美食小吃，那就是一碗艺术粉了，广西柳州就是如此。螺蛳粉具有酸、辣、鲜、爽、烫的独特风味，位居柳州风味小吃之首，是广西著名的小吃之一，所以，柳州人嗜吃螺蛳粉就一点也不奇怪了。

柳州又称龙城，位于广西版图中部，是一座古老、美丽、历史底蕴深厚的城市。它属于典型的喀斯特地貌，具有"拔地奇峰画卷开"的特点。柳州石山奇特秀美，岩洞瑰丽神奇，泉水幽深碧绿，江流弯曲明净。清澈的柳江穿城而过，像一条绿色的玉带，把市区环绕成一个"U"字形大半岛，抱城如壶，所以柳州亦称"壶城"。

有一次，我们到柳州出差，好友徐玉丽告诉我，唐代著名文学家柳宗元在柳州任刺史时，曾用"越绝孤城千万峰""江流曲似九回肠"的诗句来描绘美丽的柳州。柳州人喜好美食,口味重,偏辛辣,且擅于吸收各种外来风味,形成别具一格的饮食文化。柳州的小吃,首推螺蛳粉。柳州人对吃的想象力在指头大小的螺蛳上得到了充分展现。

　　徐玉丽带我们走到城中区曙光西路中段的金记螺蛳粉总店,这是一家门庭若市的正宗柳州螺蛳粉摊档。与这家店相比,旁边相邻店铺的螺蛳粉摊档都没有这一家食客多。

　　原来,在柳州,一碗汤淡而无味的螺蛳粉是少有人吃的。可见,精心熬制的螺蛳汤是多么重要。

柳州人嗜吃螺蛳粉

在柳州,很多市民都是在螺蛳粉店吃早餐的

　　吃着粉，我试了一口汤，感觉清而不淡、麻而不躁、辣而不火、香而不腻，风味独特。这家店铺除了经营螺蛳粉外，还卖当地的风味小吃，如鸭脚、豆腐卜、螺蛳、酸甜猪脚等，令我垂涎三尺。

　　店主知道我是外地食客，所以特地向我推荐特色吃法，我高兴地在粉中加了鸭脚、豆腐卜、螺蛳、酸甜猪脚等几样伴食，一结算这粉竟然要40多元。其实，一碗螺蛳粉并不贵，只收5元而已，贵就贵在这些小吃上。

　　螺蛳粉刚端上来，一股独特香味便袭击了我的鼻腔。我迫不及待地用筷子挑起几缕米粉，那粉就像毛线一样洁白，不粗不细。也许这种米粉很善于吸收佐料的味道，所以吃起来口感宜人，我大口大口地咀嚼着，胃里似乎马上被辣得起了火球。

　　螺蛳粉既筋道又柔软，口感香美。闻着这浓浓的香味，我忍不住想了解其中的秘密，便向店主咨询。店主告诉我，每个做螺蛳粉生意的人都会在汤上下功夫。正宗柳州螺蛳

柳州人每年都要举办吃螺蛳粉大赛

粉的风味特点是香、辣、烫、鲜。汤的特点是油足、够辣，要能在汤上面看见红红的辣椒油。据说，柳州螺蛳粉汤料配方是用石螺（或者田螺、江河小螺蛳）、猪筒骨、鸡骨架、鸡油、八角、沙姜、丁香、花椒、桂皮、草果、砂仁、干辣椒、油爆红辣椒、桂林豆腐乳、紫苏、酸笋等为主料，辅料有生菜（或者蕹菜、油菜花）、酸豆角、萝卜干、酸菜、黄花菜、木耳、炸腐竹、炸花生米等。

　　不光美了视觉，香了味觉，这碗粉还辣得生猛，我平时不怕辣，却被这辣汤刺激得泪流满面，香辣的绵感，绕舌不止。因为被辣得流泪，所以印象特别深刻。吃着这美味的柳州螺蛳粉，我还想探究它的来历。徐玉丽搁下筷子，说起了它的传说与起源，在旁边吃粉的食客也纷纷插嘴谈论。我了解到，柳州螺蛳粉的起源最早为 20 世纪 70 年代末，最晚也不超过 80 年代初，但现在已无法考证。

　　至于柳州螺蛳粉的诞生，传说的版本有几个，其中最为靠谱的一个版本是"无巧不成书"。相传在 20 世纪 80 年代的某晚，有几位外地游客到柳州，到一家已经打烊的米粉店用餐，老板一看，用来煮米粉的骨头汤已经用完了，只有一大锅白天煮螺蛳剩下的螺蛳汤。于是老板就把米粉直接倒到螺蛳汤里面煮，再放些青菜、花生、腐竹等配菜。结果，游客大赞好吃。店老板对此印象深刻，往后就开始改进配方和制作工艺，从而形成了后来的螺蛳粉。

　　传说归传说，但这美味确实一直传承了下来。到柳州如果不吃螺蛳粉，则少了一种乐趣，多了一份遗憾。

细嚼慢吞融水滤粉

店　　名：龚氏滤粉店
地　　址：柳州市融水苗族自治县融水镇老子山街口
推荐指数：★★★★★

几乎每个地方都有自己的特色风味佳肴，而在柳州市融水苗族自治县、融安县，最著名的风味小吃当属滤粉。

记得上一次吃融水滤粉是在 30 多年前，我到那里参加修建枝柳铁路工程项目。在融水挖铁路隧道时，总是觉得肚子特别饿，那时一餐要吃 4 碗融水滤粉。最近一次吃融水滤粉是在 2012 年夏天。虽然事隔上一次已 30 多年，但我对这美食美味仍然记忆犹新。

其实，融水滤粉很像榨粉，因为粉丝是过滤出来的，故称滤粉。滤粉选用优质糯米、大米，现磨现煮。其做法是先将糯米和粳米按比例混合，放水浸泡软后磨成米浆，米浆是稀的但又不能太稀。将浆倒进用铁皮做的一个小桶（两边有柄把可握持）中，桶的底部钻有很多小孔，米浆便

滤粉店每天都挤满了吃粉的食客

会通过小孔漏入烧开的铁锅内。在铁锅的开水中滚过两次后就熟了，捞起，浇上肉末、汤汁，再加点花生末、葱花、香菜、辣酱，就可以吃了。

在县城融水镇老子山街口，我找了一家来往食客较多的龚氏滤粉店。我在一处矮桌旁的小板凳坐下来，要了一碗即制的融水滤粉，仿佛要寻找 30 多年的美味回忆。滤粉品相好，只见一根根白花花的粉丝浸在乳白色的骨头汤里，还有那秘制的卤水、绿色的葱花、深红的碎肉末、大红的辣椒。

我先把配料搅拌了一下，搅拌均匀后，用筷子夹了一小束滤粉，张大嘴巴，"嘘"地一下吮吸进嘴里，一条条滤粉真是爽口、顺滑。一个字：爽！

店主微笑着告诉我，时下，村民们在赶圩时，都会吃一碗滤粉当作午餐，这已成为一种生活习惯。滤粉在融水有很悠久的历史，相传为清朝时融县（即今融水）的农民所创，融水滤粉是融水、融安特有的小吃，是两县百姓最爱的小吃。无论在乡下还是在县城，客人最多的粉店一定是滤粉店。很多从外地回来的人，最想吃的就是滤粉，因为外地没有这种小吃，可见家乡的滤粉味道是多么诱人。

因为这种小吃比较大众化，所以滤粉摊位的档次一般不会太高，一般在集市人多热闹的地方。它的价格也不高，深受融水、融安人的喜爱。吃滤粉不用讲究文雅，风卷残云的吃法更有滋味，不需要在意吃相的问题，因为大家都有这样的心理。

我吃滤粉，爱的是它的原汁原味，享受的是大自然绿色的感觉，因为它不添加任何防腐剂等物，是用大米制作的，属于天然绿色食品，吃起来嫩滑爽口、风味宜人。其特点为嫩滑、爽脆、香甜、味鲜，且价格十分便宜，在店面上，每碗只需几元，足可让我饱腹。

看着店老板现做现卖的滤粉，望着他手里握着的制作

经过这样挤压过滤，滤粉才能制作出来

几元一碗的滤粉足
可以饱腹

滤粉、让滤粉源源不断而出的那个小铁皮桶，我想，哪里
才有这种机器卖呢？真想买一个这样的机器回去，自己制
作美味的融水滤粉啊。

　　美丽的融水贝江，难忘的美味回忆。30 年前吃的滤粉，
与现在吃的这碗滤粉，品质没变，味道始终依旧，只不过
心情变了。那时仅仅是为了果腹，而今天是为了寻找美食
味道的记忆。

　　如今，枝柳铁路上的快速列车隆隆驶过，打断了我的
回忆，却丝毫影响不了我对融水滤粉多年的思念之情。

融水酸鱼
香飘半边贝江

店　　名：元宝山农家乐饭馆
地　　址：柳州市融水苗族自治县香粉乡雨卜村
推荐指数：★ ★ ★ ★ ★

巍巍元宝山，是融水苗族自治县境内最高峰，是广西境内的第三高峰，滔滔贝江就从元宝山余脉环绕滚淌。那年金秋，我们一路颠簸，来到元宝山下的香粉乡雨卜村，只见一条清澈见底的溪流淌过，村子周围的山上是梯田层层。雨卜村是当地著名的旅游景点，以农家乐出名。村里的姑娘黄永莲开设的雨卜村元宝山农家乐饭馆在村里很有名气，其实她家开设的饭馆是家庭式饮食店，因为她是利用她家的屋子开设的，所以很有地道的地方特色。黄永莲告诉我，元宝山海拔 2 081 米，山上是原始森林，奇花异草，古树参天，浓雾缭绕。每年秋风扫落叶时，山下却是喜看稻菽千层浪，稻穗沉沉说丰年。

在元宝山下，用隐藏在稻菽千层浪下面的稻田鲤鱼作为原材料制作的融水酸鱼，同样给人一种神秘感。这种融水酸鱼腌制的时间越久越好，如果是腌制了十几年的，那味道就更加正宗。

村中老人告诉我们，在当地苗族的婚礼中，酸鱼是必不可少的。订婚时，男方要送一对酸鱼给女方；接新娘进屋时，给新娘尝的第一口食物就是一条用麻绳绑在中间的大酸鱼，然后才是甜酒和糯米饭。在送新娘回娘家的路途中，新郎家要在路边临时搭建的菜桌上，给每个青年、儿童抓一把糯米饭，还要配一块酸鱼。新娘回到娘家后，将男方家送来的糯米糍粑分赠给亲戚，也必须配三块酸鱼。可见这种美食在当地的重要性。

我去的时候，正值秋高气爽，是水稻成熟收获的大好季节。只见金黄的稻浪散落于元宝山下的沟沟壑壑，给人间增添了无限色彩。

到了这神奇的土地，就有一股强烈的思想冲动，想知道与了解融水酸鱼究竟是怎样做的，我们主动向黄永莲提出想了解酸鱼的制作秘籍。原来，制作酸鱼的步骤是从稻田捉鱼开始的。并不太熟悉农活的我怀着好奇心，挑着一担竹篓，来到山涧的稻田边。还没到稻田，就听到传来一阵阵窸窣的响声，黄永莲告诉我们，那是稻田里放养的鲤鱼在田间发出的响声。此时，只见她把那几块稻田的水放

腌制一年以上的酸鱼会令人口水决堤

开，田间的黑色鲤鱼一条条蹦跳起来，这也许就是鱼与水不能分离的原因吧。我们脱鞋挽裤，拿起小网兜，踏进田间捉鱼。鲤鱼与我们捉起迷藏来，东躲西藏。每条鲤鱼有人的三根手指并排那么大，身影已经清晰可见。

但再狡猾的鲤鱼也敌不过站在食物链顶端的人类。笑声、嬉戏声、欢乐声，传遍了山涧间。我们快乐地把一条条肥硕的鲤鱼捉起来，扔进竹篓。顿时，竹篓里的鱼活蹦乱跳，几乎要将竹篓掀翻。

我们在这两块稻田里足足捉了 40 多千克的鲤鱼。黄永莲笑着说，这些鲤鱼是在四个多月前插秧时节就放进稻田放养的。虽然是放养，但从来没打理过它们，任由鱼们自生自长。为了不让鱼跑掉，只是在稻田排水口处放置一些杉木叶子作为障碍物。

"用这样的原生态鲜鱼制作酸鱼，味道再好不过了。"黄永莲一边走一边擦汗一边对我们说。我把鱼放到她家开的饭馆，她的父母就忙活起来，其实她的父母也是饭馆的厨师兼服务员。他们立即把鱼宰了，然后放进一个大木盆里，用盐巴等进行腌制。大半天后，逐一把鱼取出，利用木炭进行烘干处理。随后把事先加工好的糯米粉、酒饼粉末、指天椒、五香粉等配料，均匀地码放到坛里的鱼体上，并用稀泥巴密封坛口，进行腌制。

"这种酸鱼至少要腌制多久才能吃？"我好奇地问黄永莲。"这种鱼至少密封腌制一年以上，才能吃，才好吃。"她一边码放鲤鱼，一边回答我。一年左右，时间太长了。我郁闷地想，今天吃不到这鱼了，不免顿觉遗憾。

也许我脸上的惆怅被她读懂了，她拨了拨额前的刘海，

融水酸鱼，我的至爱

说："等一会儿中午时分，我们拿十年前腌制的那坛酸鱼，给大家品尝吧。"

听到此消息，我们乐开了怀。这也算是体验了捉鱼、腌制、品尝的全套过程吧。虽然不是那坛新腌制的酸鱼，但相信味道一样鲜美。午饭时，只见酸鱼、酸肉、酸鸭、野竹笋、糯米酒等丰盛的苗家美食摆了满满一桌。最吸引我的还是那盘酸鱼，只见一块块深黄色的鱼块，其间点缀着一点点深红色的辣椒，一阵阵酸香的鱼肉味飘香整个厅堂，溢着无比酸香，让人垂涎。酸鱼肉味道相当鲜美，完全无油腻感，清爽可口，吃起来味道更让人难忘。主人和客人，其乐融融。这种广西少数民族特有的酸鱼菜式，像我们外地人很难吃到，可以称为独特的广西美食。

酸鱼不仅是喝酒的好菜，而且也是下饭的佳肴，在黄永莲开设的农家乐小饭馆那一顿午餐，我整整吃了三大海碗白米饭呢。苗乡融水美食之行，以其独特的美食文化吸引着我，让我开心至极。

罗播肉酒穿肠过，佛祖心中留

店　　名：福星苑饭店
地　　址：贵港市桂平市罗播乡石塘坡
推荐指数：★★★★★

奇食，桂平肉酒，肉中有酒，酒中有肉。当初，我一听到"肉酒"二字，以为就是小地方的一种普通酒而已。但在桂平市罗播乡石塘坡探望亲戚罗萍的时候，才发现这肉酒并非酒，只是一种美味独特的美食啊。让我不禁暗地惊叹当地的饮食文化。

在明末清初，罗播有一位大财主50多岁时发病，被一名郎中诊断为绝症。财主估计自己活不了多久，但又天生吝啬，于是他想多吃多喝点，也不枉自己腰缠万贯。于是就从他家养的猪的各个部位割下一些，用乳泉米酒煮来吃，就算是吃全猪了。吃了一个多月后，病情非但没恶化，反而慢慢好转。财主认定，这肉酒能治病。随后，他又继续吃了半年，身体更加强壮，感觉像年轻人一样。到当年年底时，他又娶了第四房太太。在随后的10多年里，这四奶奶给他生了六男四女，个个聪明可爱。吃肉酒的习俗，就是从那时候慢慢开始传播开来的。

何谓乳泉米酒？"名山有甘泉，甘泉酿好酒"，桂平乳泉米酒是用全国闻名的旅游风景区、佛教圣地——桂平市西山乳泉井水酿造的。乳泉井"时有汁喷出，白如乳，故名乳泉"；常年"满而不溢""旱而不涸"；泉水"清冽如杭州龙井，而甘美过之"。

罗萍带我们 7 人到罗播乡石塘坡的福星苑饭店吃午餐。她说要让我们品尝桂平特色美食罗播肉酒。我有一个习惯，每到一个地方，如果老板同意的话，我一定要走进厨房看厨师制作美食。在厨房里，只见厨房工把一头猪的内脏每一种都取一些，切成块状，外加 5 千克乳泉米酒。在制作中，只见厨师把已经洗干净的猪内脏切成一块块，然后倒入乳泉米酒，放入适量的中药材天麻、当归等，进行炖煮，不久，只见酒冒出"泥鳅泡"。厨师不慌不忙地把汤汁与

罗播肉酒其实不是酒，而是一道独特美食

罗播肉酒就是在太平天国金田起义纪念馆周边的乡村美食

肉舀出来，放到盘子里。顿时，一股甘醇的酒香及新鲜的肉香传入鼻子，让人感觉鲜香四溢。

用餐伊始，罗萍告诉我们，吃肉酒要趁热，味道才最佳。我虽然没什么酒量，居然可以饮酒不醉。

罗萍是我的亲戚，所以我们之间并不拘束。她告诉我吃这种肉酒是有讲究的：吃肉酒时，最好事前吃一碗米粥，以便给自己的胃中"垫底"，随后吃肉酒才不会醉。到了正式进入吃肉酒的环节时，要先喝美味的汤，再吃肉，细嚼慢咽，味道才鲜美。

这种传统的饮食习俗对我来说是初次，不仅觉得新鲜，而且"第一印象"极佳。

天气闷热，几杯酒下肚，竟然有点醉醺醺的。同行的几人都脱了外衣，我干脆也脱了。想想自己平时衣冠楚楚，但此时此地，为了美食我也竟如此无拘无束。

肉与酒的完美结合而生出的这道佳肴，令我回味。肉酒，饕餮美味，就是桂平美食的一个品牌，就好像闻名全国的桂平西山风景一样，驰名神州大地。

西山素菜扣肉鱼头，清淡养生

店　　名：敬慈斋馆
地　　址：贵港市桂平市西山风景区洗石庵旁
推荐指数：★★★★★

凡是到过广西桂平市西山风景区的游客，都喜欢品尝那里的素菜，我也不例外。

我到桂平，无非就是想看看那闻名中外的西山。在桂平，游览了太平天国金田起义旧址，感受了一番太平天国的历史壮举；观看了北回归线标志塔，领略了大自然的地理风光的斑斓色彩……随后，我们开始跋涉攀登"南天第一秀山"——西山。这里历史文化底蕴深厚，是佛教信徒所向往的地方。

西山林壑秀美，素有"桂林山水甲天下，更有浔城半边山"之誉，以林秀、石奇、泉甘、茶香、佛灵而著称，景色别致，引人入胜。导游李娇娇告诉我，1989 年 9 月 27 日，释宽能法师在西山圆寂，终年 95 岁。法师圆寂后火化留下三颗舍利子，吸引着无数中外游人。释宽能法师生前终生吃素，所以健康长寿。

西山素菜吸引着众多游客，吃独具地方风味的西山素菜成了游客的"必选题"，用佛家的话来说，吃多少，就看你的造化。

我们拾级而上，慕名来到坐落于西山上的洗石庵旁的敬慈斋馆。据说，这里以前是西山上的僧人吃饭的地方。近年来，随着游客日益增多，这里被开发成为素菜餐馆。

服务员拿菜谱给我看，我看到的全部是很美好的菜名，如绣球玉液、如意吉祥、杏林春满、百花拼盘等。

"爬山饱览西山历史文化和佛教文化，文化饱了，但肚子却饿了。赶紧上菜！"我几乎是命令一般催着服务员。

上菜时，我发现有道菜名为"扣肉鱼头"，不仅味道很像鱼头，样子也像极了，简直就是精美的艺术品啊。我赶紧用筷子拨动了一下，但不知道它是用什么东西做成的，相当精妙。夹一块入嘴后，还是不知道是用什么做的。我们个个惊奇，还是导游嘴快，说这是用芋头做的。我又夹了一口"扣肉"，据说是用豆腐制作而成的，味道很不错，真是素菜中的上品，食客们个个都赞。

西山素菜，既清淡又养生，总能轻易勾起人的食欲。吃腻了大鱼大肉的我，换上这种口味，觉得挺好。很难想象，厨师是如何运用局限于豆制品、蔬果类等素食材料，烹饪出如此兼具色、香、形、味的美食。"扣肉鱼头"在形态上惟妙惟肖，在餐桌上几乎可以乱真。虽然没有一点荤菜的原料，但吃起来感到很有风味，一点都不比荤菜差。它们的美味，极大地触动着我的味蕾。

看起来很像鱼头，其实都是美味素菜

吃着这一桌西山美味素菜，我的心情和情绪明显趋于平静、淡泊，刚才一路爬山的劳累，就在此刻变得非常开朗和愉悦，心中充满了一种莫名的舒适感和满足感。

饭后，阵阵山风拂面，服务员给我们每人端上来一杯用西山乳泉水冲泡的正宗西山茶，饮后顿觉满口醇香。

醇香西山茶香与美味西山素菜，先后共品，真是人生一大乐趣也。站在西山庙宇中，凭栏远眺，桂平的山光水色尽收眼底，不禁令人感慨，真不愧是"万壑树林环一廓，两江水碧带千家"的人间美景。

桂平西山景区
的美丽风景

覃塘莲藕粉香扑鼻

店　　名：荷城品味大排档
地　　址：贵港市覃塘区覃塘镇龙凤村
推荐指数：★ ★ ★ ★ ★

[图标] [图标] [图标] [图标] [图标] [图标] [图标]

＿＿碗美味莲藕，一阵诱人粉香，一段难忘永存的记忆。

去年深秋的一天中午，我们驱车途经国道 209 线贵港市覃塘区覃塘镇龙凤村路段。饥肠辘辘的我们把车停靠在路边，选择了一家人比较多的名为荷城品味大排档的小店。同事建议，既然到了贵港，不如吃一顿覃塘莲藕。拗不过他力邀的诱惑，我们就入乡随俗了。

放眼龙凤村公路边，田野里还有干枯的莲藕叶子，还有青绿的荷叶在秋风中摇曳着。此处的莲藕田一望无边，秀色可餐。

我们走进这家店，只见店面并不大，但店内墙壁挂着的彩布上那碗莲藕图广告，却是那么诱人。我问："老板有什么特色菜？"老板走过来，笑着说："我们龙凤村只产莲藕，品尝一下特色的覃塘莲藕吧，香得很呢。再加两三个菜，足够了。"

这就是贵港市的覃塘莲藕

猪骨炖莲藕

我们边点菜边与老板攀谈。得知老板姓刘，他对当地所产的莲藕赞不绝口。他说，覃塘镇龙凤村所产的莲藕股大身长，每只一般有五六个节股，重达三四千克，生吃脆甜，炖食绵软。

就在我们饮完一杯绿茶之际，服务员端上一盆满满的覃塘莲藕，伴着猪筒骨，一块块莲藕冒着热气，释放出缕缕芳香。只见那藕体鲜嫩，我夹一块入口，顿感味道清香，口感十分粉酥。盆中的莲藕吃起来滑润细嫩，芳香甘醇，汤、藕俱佳。我们从来没有吃过这么美味的莲藕，原来这里的莲藕淀粉含量格外丰富。

我们品尝着粉酥的莲藕，好奇地与老板聊了起来。刘老板说，在当地民间关于覃塘莲藕还有一个美丽的传说：相传在古时候，贵县（今贵港）有一个望不到边的池塘，塘中恶龙兴风作浪，乡民苦不堪言。农历六月六日这一天，荷花仙子下凡除害，在池塘广种荷莲，成功地将恶龙引出并制服。酣战之中，荷花仙子也受了重伤，鲜血滴入池塘之中。不久，池塘里的莲藕就变成浑身紫色。覃塘一带的农民，至今还沿袭着用蒸糕供奉荷花仙子的习俗。为了铭记荷花仙子的恩惠，当地村民把农历六月六日定为"荷莲降生"的日子，在这天，家家户户都会制作蒸糕供奉"荷花仙子"。

秋天是收获莲藕的大好季节，望着窗外连片的覃塘莲藕，感到无比舒心。

一片荷田，一种味道，一种留在桂中大地的美食记忆，令我们久久难以忘怀。

金秀瑶家魔芋豆腐酿，弥漫岁月味道

店　　名：柳湖农家乐饭庄
地　　址：来宾市金秀瑶族自治县金秀镇六段村
推荐指数：★ ★ ★ ★ ★

芋头也能制造出豆腐，这似乎是天方夜谭。但我们在来宾市金秀瑶族自治县金秀镇六段村，就品尝到用魔芋作原材料制作的魔芋豆腐，其味道纯正，口感嫩滑，不愧为独具瑶家风味的菜肴，令我不想停筷。

在六段村，魔芋豆腐可以说是家喻户晓、老少皆宜的寻常食物。村民告诉我，六段瑶寨民居修建于清朝道光至光绪年间。这里依山傍水，一条巷道穿寨而过，60多户瑶家就分居于巷道两侧。民居建筑以青砖碧瓦的吊脚楼为主，雕龙刻凤。

在六段村，魔芋是当地土特产之一。溪水边的肥沃土地里长着一片片碧绿的魔芋，硕大的魔芋把地表都胀出一条条裂纹。村民告诉我，魔芋是野生芋类，和槟榔芋大小差不多，村民们常把它采回家，加工成魔芋豆腐。可做成

这种魔芋居然能制作出豆腐

魔芋豆腐酿、炒魔芋豆腐片、魔芋豆腐汤等。

在六段村柳湖农家乐饭庄，我们不但品尝了魔芋豆腐，还有幸参观了村民纯手工制作魔芋豆腐的过程。只见他们先将一定数量的魔芋洗净，用刀片或者竹篾刮去魔芋表面的黑皮，切去根须，然后放在类似洗衣板的一块木板上把魔芋打磨成浆，浆液流入设置好的盆里，盆中盛着含有碱性的灰水。他们一边打磨一边用木棍将浆液和灰水搅匀，使其去涩并结成块，再放进锅里煮，煮熟后放在冷水里漂洗。随后，一桶魔芋豆腐便制作出来了。

饭庄老板老吴称，魔芋打磨成浆是制作魔芋豆腐成败的关键，水要适量，水过多难以成形，而成糊状，水过少则影响成品率，制品口感粗硬。一般以能够静置成形，刀切能成块状为宜。第一次磨出后要判断稀稠状态，在第二次磨制时相应调节，控制水量，并注意研磨细腻。

在柳湖农家乐饭庄的厨房里，我怀着极大兴趣看厨师制作魔芋豆腐酿。只见厨师把一块块砖形的豆腐用菜刀切

煎至金黄的魔芋豆腐

魔芋豆腐也可以煎得如此可爱呢

成小块放置于案板上，每块厚度大约 0.5 厘米，先在下面放一块，然后再放上用韭菜、瘦猪肉等制作的馅，随后再在上面盖上一块豆腐，也就是一个豆腐酿由两块豆腐片组合而成。随后，厨师便把一个个豆腐酿放到锅中煎。她笑着说："煎魔芋豆腐酿，火候要十分得当，文武兼顾。"只见厨师把豆腐煎了一面，又把豆腐反过来继续煎，直至两面豆腐香黄。随后她浇上酱油等配制成的调料，并撒些适量的辣椒粉，不一会儿，一道鲜嫩可口、色香美味的佳肴便加工完成了。

不要小看这道家常菜，这道菜的特点就是外焦里嫩。餐桌上，我夹起一块豆腐酿看了看，虽然外面是金灿灿的黄色，看起来很酥，但咬一口发现里面仍然保留了豆腐鲜嫩的白色，味道很特别。品味这道佳肴，觉得它不仅脆嫩，而且口感筋道香浓，味道清爽可口，肉馅鲜美，别有风味。

"我注重健康，吃东西除了追求口感，还要注重营养丰富，同时最好有减肥效果。"同行的姑娘易美艳笑着说。为了实现减肥的目的，她居然吃了半盘魔芋豆腐酿，令我们大吃一惊，也令人捧腹大笑。想不到魔芋豆腐还有这样的"魔"力和巨大的吸引力呢。

离开金秀后，至今我还不时回味那瑶家魔芋豆腐的独特佳肴风味。

魔芋豆腐就是用这种植物根部的薯块制作出来的

酸中上品
武宣红糟菜

店　　名：刘氏武宣红糟菜白粥店
地　　址：来宾市武宣县东乡镇下莲塘村
推荐指数：★★★★★

〔☉〕〔◐〕〔♀〕〔♀♂〕〔P〕

　　来宾市武宣县东乡镇不仅有古色古香的清代民居将军第，而且自清代至民国就诞生了 8 位将军。当年的洪秀全也是在武宣这块土地登极称王，从此他挥师北上打遍江山。当年的临时王宫如今早已湮没在东乡的历史长河里，而当我们面对残垣断壁，依然可以遥想距今 150 多年前乱世英豪的历史云烟。当然，与厚重的东乡历史人文底蕴一起扬名的，还有武宣美食——红糟菜。

　　盛夏时节，我们走进了桂中的来宾市武宣县，到河马乡先游览了地球美丽的大裂痕——百崖大峡谷，然后驱车去到附近的东乡镇下莲塘村，领略了广西特色文化名村亮丽的风采，品尝到了当地特色风味佳肴——用红糟酸腌制的姜酸和用红糟酸豆角炒制的猪大肠等。

　　站在那棵近百年的龙眼树的树荫下，放眼望去，只见村中田园平旷，树古池美，大小池塘碧波涟漪，满村荷香，田园如诗，风景如画。民国将军刘炳宇的孙子刘德燕老人，对东乡历史及酸中上品武宣红糟菜美食娓娓道来，如数家珍。

话说间，我们来到了刘家。据了解，前几年，刘德燕老人与儿子一道，看中了这里游客多的特点，就在自家院子里开设了一个卖白粥的摊档，专门卖当地特色美食武宣红糟菜，他只用一块木板写几个并不是很好的红油漆字"刘氏武宣红糟菜白粥店"。我们到院子的里的摊档坐下后，刘德燕老人热情地招待了我们。他说，天气太热，你们先吃白粥，品尝武宣红糟菜美食。

红糟酸炒制的猪大肠

刘德燕老人说，红糟酸主产于武宣县，有几百年历史了，尤其以东乡镇一带生产的红糟酸更为著名。它主要以大米饭为制作原料，在稍高于室温的环境下发酵制成。红糟酸的腌制技艺十分讲究：先将煮好的米饭用水洗一洗再晾干，随后拌上红糟种，添加适量的酸醋和米酒使之发酵，经三洗三发酵晾凉后，白花花的米饭就变成红色的红糟酸了。

东乡地处广西大瑶山南麓，群峰叠峦，独特的气候和优质的东乡大米及甘甜的泉水，使发酵出来的红糟酸更红润更有酸味，用来腌制各种蔬菜类，便可成为酸中上品。用红糟酸腌制姜酸、萝卜酸、豆角酸等广西常见的酸菜，可用于家常炒菜，是武宣县特产的健康绿色食品。

在大暑天里，我们吃着老人煲制的东乡白粥，盛在盘中的姜酸色泽鲜艳，令我们垂涎三尺，几口粥下肚，夹几片姜酸入口，顿觉滑嫩脆口，提神醒脑，生津开胃，沁人心脾，且酸中带甜，甜中溢香，酸甜适度，清凉异常，回味无穷，仿佛突然间暑气全消。当地的村民告诉我们，红糟酸为武宣待客餐桌上的必备酸品，常吃能去油腻消脂肪，酸与日常吃的白粥是最好的饮食搭档，民间有"一天不吃酸，两腿打颤颤"之说。

在感受东乡历史文化的浓厚氛围之后，我们感觉到时间过得特别快，不知不觉中午已至。

此时，我们也叫老人炒几个有当地特色的小菜。老人与儿子为我们准备了一桌丰盛的菜肴。那一桌 10 多道菜，大多至今我基本记不起了，唯一记得而且印象最深的那一道菜，就是红糟酸豆角炒猪大肠。这道用红糟酸、辣椒烹制出来的红色菜肴，点点红糟附着在片片猪大肠、酸豆角上，一盘菜显得红红火火，那浓香味是催人食欲。老人又

武宣红糟菜与东乡将军第同样闻名广西

拿出当地的米酒，和着这风味佳肴，令我们吃得痛快淋漓。

平时不怎么喝酒的我，此时几杯下肚居然还清醒如初。我不解，老人告诉我们，红糟酸有解酒的功效呢，尤其是如果酒喝多了，夹一筷红糟酸放进嘴嚼几下，酒气可立刻大消，再喝几杯酒也不会醉。由此可见，武宣人特别好客，大多与红糟酸能解酒有关。

将军风骨今犹在，莲塘花开迎客来。在东乡，品味酸中上品武宣红糟菜，乃人生的快乐享受。

恭城瑶族自治县

盛源水库鱼餐馆

连山壮族瑶族
自治县

平乐县

钟山县

贺州市

赵味农家乐饭店

蒙山县

黄姚明记小吃店

豪汉饭店

曾氏农家乐饭店

欢乐饭店

苍梧县

梧州龟苓膏专卖店

大东酒家

冰泉豆浆馆

何家万利饼屋（银兴店）

桂平市

祖彬农家乐饮食店

郁南县

古典鸡饭店

好友聚饭店

浪水佬美食店

罗定市

兴业县

御厨酒家

南方纯正甜品店

好又来饭店

玉林市

Part 3
色香味醉桂东南

梧州美味食不厌精，脍不厌细，口味以粤菜为主，也掺和了广西本土口味，追求生猛；质嫩爽口是玉林美食的特点，喜欢清淡；贺州唇上那一抹活色生香，云集了三省区美味，让人的食欲有增无减。

读武侠小说，
品梁羽生故乡鸭子汤

店　　名：赵味农家乐饭庄
地　　址：梧州市蒙山县长坪瑶族乡长坪村赵家寨
推荐指数：★★★★☆

广西蒙山县是中国新派武侠小说的开山鼻祖、著名作家梁羽生的故乡。到蒙山县长坪瑶族乡作客，主人待客的汤汤水水是不可缺少的。期间，美味佳肴大多记不住，唯独那味山溪鸭子汤令我回味无穷。它带给我一顿愉悦的饱食，暑气顿时被驱赶得无影无踪，整个身心沉浸于浓浓的美味之中。感动我们的不仅仅是鸭子汤的味道，还有历史的味道，人情的味道，瑶乡的味道，记忆的味道……

鸭汤，由于它来自大自然，所以最好清煮。在进入长坪崇山峻岭的蜿蜒山路时，我就听到女乡长陈爱良推荐了一道名汤——长坪山溪鸭子汤，说鸭子汤是地道的长坪美食，绝不要错过。

　　由于大山的阻隔，相对封闭的环境使当地的瑶族同胞在长期的生产生活过程中形成了独特的居住、饮食等民族饮食历史文化。那天中午时分，在长坪村天鹅湖畔瑶寨，通过当地人的热情推荐，我们来到了赵家寨的赵味农家乐饭庄，与当地东道主共进午餐。

　　在僻远的瑶乡，村民的鸭子全部是野外放养，自家孵的鸭仔，然后放进山溪里养殖，任凭它们自生自长，从不喂饲料，只让它吃溪中的小鱼、小虾、石螺等，一只鸭子从小养至宰杀，要经过差不多一年的时间，纯属天然原生态。哪里像我们在超市买的鸭，是用饲料养的，不到一个月就出栏，口感很不好。

　　那天，在农家乐厨房，只见厨师把宰杀后的鸭子切成小块，放入开水锅中一起煮汤。其实，这水很讲究，原来

金庸先生题写的
"梁羽生公园"

鸭子汤既解馋
又解渴

长坪乡居民用水很奢侈，全部用优质山泉水，这令我们感到很惊奇。随后，厨师小跑到厨房后面的山上，摘了一把新鲜八角叶回来。接着，厨师又快步到天鹅湖畔的清澈溪水中扯了一把被称为"水檀香"的水草回来。他把洗干净的八角叶、"水檀香"往锅里一扔，然后撒上盐巴、姜片等配料，就用干柴烈火烧锅。先用大火烧，再开小火慢炖。没多久，一锅鲜汤便端上桌来。顿时，一股特有的香味袭来，沁人心脾。

眼前，只见这一大锅鸭子汤浓香蔓延开来，汤汁澄清香醇，滋味鲜美，鸭脂黄亮，肉酥鲜醇，直袭味蕾。我轻轻品一口，顿觉味中有味，没有鸡精、味精的涩味，汤鲜味美、鸭肉细腻、鸭骨爽口，风味独特，令人喝多少也不觉得腻，这是做汤的最高境界。

　　木花格窗外，天鹅湖畔一派好风光。风雨桥横跨长坪江，烟雾缭绕，云里雾里，诗意盎然。黛青瓦、翘屋檐、古色古香的木花格窗，再搭配上最耐晒的奶黄色粉墙，溪流中，一群鸭子在快活畅游。溪畔，热情好客的瑶胞为我们唱起了欢愉的山歌，唱起"嘛哈咧"，歌唱瑶乡人民的幸福生活。

　　在氤氲水雾飘荡的天鹅湖畔，我慢慢地喝着原汁原味的鸭子汤，静坐天地间，品味着美食的精髓。在这里，品味也需要聚精会神，品山品水品汤，仿佛读懂了人间天堂般的瑶乡长坪。

蒙山长坪瑶族乡山溪鸭子

梧州纸包鸡，
撩人心扉

店　　名：大东酒家
地　　址：梧州市万秀区南环路 20 号
电　　话：0774-2826072
推荐指数：★★★★★

孙中山当年到广西梧州，曾点名要吃梧州纸包鸡。如今，我站在位于梧州的全国最早建成的中山纪念堂前，望着梦境般的鸳鸯江，仿佛就可闻到梧州纸包鸡的缕缕芳香。

梧州既是山城又是水都，是一座三江汇合的小城市。站在江畔，看着清澈碧绿的桂江、浔江、西江，两岸青山，倒影荡漾，带来无限风光。城市不大，一碟佳肴就可香半边江。

无鸡不成宴，此话不谬。那天，我们在朋友的引领下，到万秀区南环路 20 号的大东酒家，宴席上的一道当地名菜，就与鸡有关，它就是被誉为"中国一绝"的梧州纸包鸡。

梧州纸包鸡顾名思义，菜肴是以纸包裹主料煎炸而成，这是隔纸煎炸的烹饪法，制作独特，可以保持鸡肉的鲜嫩，调料味浓，特有异香。

友人对我说，做梧州纸包鸡非常讲究。那天，我进入该酒家的厨房，目睹了制作梧州纸包鸡的全过程。只见厨师先把鸡斩成小块，并用上等的好酒加上姜汁、味精、白砂糖、精盐、精制豉油，与胡椒粉、冬蜜等进行调配，腌制半小时后，用玉扣纸包装，因为这种纸透气性较好。然后，只见他分别把两堆鸡块叠着搭配些汁液、葱花，用玉扣纸组合在一起，包装成一小包，使之形成荷包状。我笑问："为何要包装成这样？"他拿着一包包小小的鸡肉包，微笑着回答："此举目的，就是使其油镬的煎油不入内，汁液不外流。"

他把土榨花生油倒进油镬，加热至油差不多沸腾，紧接着把一包包鸡块放到油镬煎炸。这样炸出来的鸡肉，金

香味十足的纸包鸡

香爽滑，色、香、味俱全。

厨师说，梧州纸包鸡是一道撩人心扉的佳肴美食，它制作的核心关键在于配料与调味。在进行佳肴初始的调配时，如果落手重一点或轻一点，都会直接影响它的成品品质与味道。此外，食物原材料的选材也很关键，所选用的材料一定要是上乘纯正的放养三黄鸡。

据说，梧州纸包鸡在民国时期还有一段传奇。民国期间，一次，国民党军队将领、广东军政要人陈济棠在广州设宴款待宾客，宴席上虽然是山珍海味，但对于那些位高权重的贵宾来说，毕竟吃腻了。此时，陈济棠的宠妾莫秀英提出要加一道广西"梧州纸包鸡"作为压轴菜。她对陈济棠说："梧州纸包鸡若能上台，宾客肯定叫绝。"陈济棠面有难色地说："梧州离广州那么远，怎能办到？"她撒娇回答："你的那些飞机放着干什么？"经她这么点醒，引得陈济棠笑着应允。于是，陈济棠即派马弁乘"珠江号"水上飞机飞抵广西梧州，在当时的梧州市粤西楼买了纸包鸡，同时又买了两只特制酥皮狗、一箱梧州三蛇酒，又乘飞机返回广州。当晚，宴席上的最后两道压轴菜是：梧州纸包鸡、特制酥皮狗，而三蛇酒也取代了其他名酒。当打开一包包玉扣纸包着的梧州纸包鸡时，还热气腾腾哩。一股奇香扑鼻而来，满席人垂涎欲滴，食欲大增。宾客吃过后赞不绝口。

那天，只见餐桌上的梧州纸包鸡，色泽金黄，香味诱人。在当地朋友的指点下，吃纸包鸡的时候，我小心地用筷子戳开玉扣纸，恨不得马上就将金黄的纸包鸡夹入口中品尝。"在吃纸包鸡的时候，一定要趁热而吃，才能更好地品味到纸包鸡的色、香、味，否则它的香味也就跑掉了。"

朋友温馨地提示着我。

我用筷子夹一块品尝起来，入口甘、滑、甜、软，原汁原味，肉嫩骨脆，香气四溢，鲜美可口，食后齿颊留香。

如今，在梧州吃纸包鸡，哪里才能吃到最正宗的呢？我望着窗外白云缥缈的白云山巅而自言自语，同桌的朋友微笑着自豪地回答说："梧州纸包鸡这美食，现在很多酒楼都在做，但味道最好的应该还是大东酒家的。他家制作的纸包鸡，那美味，至今仍然没有人能够超越呢。"

在广西梧州南环路的大东酒家，虽然历经百年沧桑，但这里制作的美食梧州纸包鸡，堪称"中国一绝"，传承至今

一餐可吃两只，
岑溪水蒸古典鸡

店　　名：古典鸡饭店
地　　址：梧州市岑溪市区上奇路口（玉梧大道西 191 号）
电　　话：0774-8223526
推荐指数：★★★★★

岑山秀水出岑溪。能够用一道美食名菜为支撑，做到全国 300 多家连锁店，完全就靠美味来维系，这就是肉质细嫩、味道鲜美、营养丰富，且在国内外享有较高的声誉的原汁原味岑溪水蒸古典三黄鸡。

别小看这道菜，它的原料就是岑溪古典三黄鸡，是广西四大名鸡之一。这家在岑溪市区玉梧大道西端的一家名为古典鸡饭店的餐馆，他们做的"水蒸鸡"最为有名。

据说，原汁原味岑溪水蒸古典三黄鸡的烹调方法很特别。在制作过程中，厨师预先把整只鸡隔水蒸熟，再进行保温，待有客人下单时，再配姜、葱、酒、酱油等多种调味料进一步加工，然后就可以上桌，供食客品尝了。

　　那天，我们四人坐下后，即点了四只"岑溪水蒸古典三黄鸡"。服务员告诉我们，他们所用的每只鸡重量均在 1.2 千克左右，都是未产过鸡蛋的小母鸡，当地人称"鸡项"。在制作水蒸古典三黄鸡的过程中，每只鸡只用一小碗的矿泉水进行隔水清蒸，以最大限度地保留古典鸡身上所独有的原汁原味。用古典的加工技术，让古典鸡更突出鸡肉风味，令食客在餐桌上百吃不厌，满嘴生香。

　　这位服务员刚介绍完毕，门口上菜的服务员已把还冒着热气的水蒸古典三黄鸡端上桌来。我定睛一看，只见每只古典鸡已被厨师砍成四五个大块，统一装在一只粗口浅底的精致小木桶里，大块大块的鸡肉呈淡黄色，令我垂涎三尺。我刚想用筷子夹一块鸡肉，服务员却在一旁提醒我："不是这样吃的。要戴上一次性薄膜手套，用手拿着鸡肉送到嘴边吃，味道更好，风味更佳。"尴尬的我赶紧把筷子缩

岑溪水蒸古典鸡就是用这种正宗土鸡制作的

回来，想不到原来吃水蒸古典三黄鸡还有如此讲究。

我戴上薄薄的一次性薄膜手套，"五爪金龙"拿起一大块鸡肉，蘸上调味汤料，开始风卷残云……

我把水蒸鸡块放进嘴里，细细咀嚼，感到十分鲜美、浓香、肉嫩，油而不腻。

那调味料据说是经过特殊调配的，没有添加任何香精等成分。把鸡肉蘸上调味料，土鸡鸡肉的鲜味、香味、美味就完全被调动起来了，顿觉十分可口，这一股鲜美嫩滑给我留下了深刻的味觉记忆。

一人一餐可吃掉两只水蒸古典鸡

岑山溪水腊制
粟粉腊肉

店　　名：好友聚饭店
地　　址：梧州市岑溪市岑城镇工农路新华书店附近
电　　话：0774-8219468
推荐指数：★★★★☆

我常常会忆起粟粉腊肉的特殊香味。味觉记忆持久到超出我的理解范围，有时候脑海中已经消失的东西，味觉上却依旧深刻⋯⋯

我的家乡在南国边陲广西岑溪市。在故乡，制作粟粉腊肉是冬季里的一件大事。在故乡，每到深秋初冬时节，几乎家家户户都在瓦房的屋檐下悬挂起一串串腊肉，以备制作粟粉腊肉。粟粉腊肉是故乡农村的一道特产，它用岑山溪水腊制，色泽紫红鲜嫩，令人更感香绵津长。

近日，我回到久别重逢的故乡，在岑溪市岑城镇工农路好友聚饭店，终于又品尝到多年未能遇到的美味，那就是岑溪粟粉腊肉。只见桌上的这道佳肴肉香扑鼻，色泽鲜艳，烹饪简便，味道鲜美，入口脆爽，甘香不腻，让我直咂口舌。

　　我翻阅了李时珍的《本草纲目》后得知：龙爪粟其味甘涩，入药有补中益气之效，且有益肠胃，用于脾胃气虚。粟粉"治反胃热痢，煮粥食，益丹田，补虚损，开肠胃，和中，益肾，除热，解毒，养脾胃，止吐泻利小便，安神健脑，防衰老……"。在故乡，乡亲们常用龙爪粟碾成粟粉。

　　发源于清末的岑溪粟粉腊肉，百年来一脉相承，深受群众喜爱，如今依然保持传统风味。

　　坐在故乡的城市角落，品尝着这道美味，我会情不自禁地忆起故乡亲人做这道菜肴的往事与历史。记得每年冬天，母亲都按照传统做法腌制粟粉腊肉，首先选新鲜的猪五花腩肉，在风干腊制一段时日后，就取下来切成块状，并放入足够的盐，然后用山泉水煮熟，捞起晾干水。

　　紧接着，她就把事先用石磨研磨好的粟粉，放进老虎灶上的大铁镬内，用猛火炒熟直至微黄，顿时一阵阵浓郁

优质土猪肉制作的粟粉腊肉

粟粉腊肉芳
香四溢

的粟香扑鼻。只见她把一块块腊肉码放进瓦瓮坛，逐层放好，每放一层腊肉，就放一层约0.5厘米厚的粟粉，目的就是让粟粉尽量地吸收腊肉的油脂，使腊肉的味道更加醇香。

放毕，她拿一只饭碗倒扣着坛口，用稻田的泥浆封住坛口，并在凸起的坛口沿边盛满水，以防止外面空气与坛内的空气通过坛口发生对流，导致腊肉变质变味。随后，将坛放至吊脚木楼内储藏。

就在储藏粟粉腊肉的日子里，我曾经偷吃了几小块。在储藏的大约半个月里，我天天惦记着那坛粟粉腊肉。我问母亲："什么时候可吃粟粉腊肉？"母亲笑着说："傻孩子，哪里会有那么快呢？大约再等三个月吧。"要知道，在那缺少肉食的20世纪70年代末，我家能拥有一坛粟粉腊肉，是多么奢侈的一件事。我望穿秋水，口水等到几乎都要流出来了。一天下午放学后，由于嘴馋，我趁家里大人到地里干活还没回来，便小心翼翼扒开封着的泥浆，悄悄打开那个倒扣着的坛盖碗，伸小手进去，随便抓了一把，想抓一把大的，但手出不了那个坛口，只能抓少一些。抓一把出来后，我马上往自己嘴里猛塞，囫囵吞枣一般，一下子吃了五六块肉，感觉挺好。那时候，我真想把一坛栗粉腊肉都偷吃光，自己实在太饿了，但又担心被爸妈发现，所以又快速地盖好坛子。几天后，妈妈看到那倒扣在坛口的碗有被人动过的痕迹，严肃地质问是谁干的，我忙说可能是老鼠钻进去偷吃的吧。

故乡的栗粉腊肉是香郁的。多年来，吃栗粉腊肉已成为我对故乡的难忘回忆。

如今，浓香把我这个故乡游子拉回到现实当中来。我嚼着这栗粉腊肉，发现这种腊肉肉身干爽、结实、富有弹性，让我感受到喜悦之情。它冒出的热气与香气，满屋弥漫，飘逸馨香。吃起来味道醇香，肥不腻口，瘦不塞牙，芬芳醇厚，甘香爽口，它保持了色、香、味俱佳的特点。

时下，每当看到栗粉腊肉，我都会条件反射似的产生馋的感觉，因为它有很多值得我记忆的味道。栗粉腊肉从鲜肉加工、制作到存放，选料严格、制作精细、肉质不变，长期保持香味，还有久放不坏的特点。此腊肉因为用桂油、八角油、土榨花生油擦抹与熏制、风干，故夏季蚊蝇不敢爬，经三伏天也不变质，成为别具一格的故乡风味食品。

栗粉腊肉的香气总会唤起我对时间的倒叙记忆。记得小时候，我们家穷，一年才能宰杀一次猪，所以那猪宰杀后基本就是用来制作栗粉腊肉的，可吃上半年左右。当然不是天天都吃，至少是"节省"着吃，要待有客人光临时才吃上一次啊。我总是担心那肉是否会变坏，总是会好奇地问妈妈，其实就是我自己想吃腊肉，因为那时候肚子里的油水实在是太少了。妈妈听到我这样问，总是会偷偷地趁着我不注意时，打开那只坛子口上倒扣着的碗，取出一两块肉给我吃。她说："粟粉腊肉要是存放几个月，不仅坏不了，而且更是别有一番滋味。"的确，粟粉腊肉作为肉制品，并非长久不坏，冬至以后到大寒以前制作的腊肉保存得最久且不易变味，而且时间久一些，它或蒸或炒，再配上一点桂油、八角油等调料，便香飘满屋。夹一块放入口中，那肉肥而不腻，脆脆的，给人以满足的快感。

　　岑山溪水酿造出粟粉腊肉的美味，不仅味道出众，而且包含了一种对生活美食的惬意享受。

粟粉腊肉好味好吃又好看

藤县野生泥鳅钻豆腐，甘醇美味

店　　名：祖彬农家乐饮食店
地　　址：梧州市藤县埌南镇黎寨村蝴蝶谷景区附近
电　　话：13737818585
推荐指数：★★★★★

在广西藤县农村，我看着一群鲜活的野生泥鳅，在锅中慢慢停止不动，最后变成一道美味佳肴——泥鳅钻豆腐。这过程虽然的确有点儿让人于心不忍，但那野味却总能勾起我的食欲。

2012年初夏，我到藤县埌南镇黎寨村担任党支部第一书记。黎寨村有一个全国著名的蝴蝶谷景区，里面有桂东南地区最大的由10多处天然瀑布形成的瀑布群，林间随处可见飞舞的蝴蝶、参天的古树、碗口粗的古藤缠绵、青绿冰凉的溪水。可能是地处僻远，以及气候与环境的影响，农民们都是原生态耕作，所以稻田里的泥鳅特别多。

在驻村期间，村里的祖彬农家乐饮食店的那道地方美食，令我百吃不厌，那就是野生泥鳅钻豆腐，当地人又称它为貂蝉豆腐。其实，这道菜做法也很简单，也就是把豆腐放入锅中，然后放入野生泥鳅，泥鳅就会不停地往豆腐里钻。随后把锅慢慢加热，到出锅时，再加入配料与调料。至此，一道佳肴便大功告成。说是这么简单，但要做出好味来，方式与方法，却是十分讲究的啊。

经常品尝这种美食，我决定要去看一次是怎么样捕捉泥鳅，又是如何做这道菜的。那天，我们扛起锄头、铁锹等工具，步行一个多小时，来到山心自然村。只见一些昔日的稻田，如今已经丢荒弃耕。这些稻田由于没有农药的污染，反而变成了野生泥鳅的乐园。

我们想放干了稻田的水，但仍有水汩汩地冒出来，水质非常好。我们观察并寻找田泥表面有气孔的方位，"开采"野生泥鳅。

经过两个多小时努力，我们收获 1 千克多鲜活的泥鳅。我高兴地自言自语："我们今晚终于有下酒菜啦！"同行的饮食店的老板笑了笑："还不行，过几天我们再吃它。"

细问之下才知，他要把这些好不容易才挖出来的鲜活泥鳅做成一道"野生泥鳅钻豆腐"。

美丽蝴蝶谷景区附近的
稻田成了泥鳅的乐园

"泥鳅钻豆腐"是民间的传统风味菜，具有浓郁的乡土气息，在全国许多地方都有制作，尤其以河南省周口市民间制作的最为出名。据传，在古代，周口市有一个叫邢文明的人，常以捕捞鱼虾为生。在捕鱼时，他偶尔会捕到一些泥鳅，较大的泥鳅卖掉后，剩下小的却无人问津，每次只好带回家里自己烹食。有一次，他为调一下胃口，就索性把小泥鳅放在家中水盆里几天，让它吐净污泥，因泥鳅小不易开膛破肚，便捞起小泥鳅放锅内，再加上盖，慢火将它与姜、蒜、豆腐一起煮。待煮熟揭盖时发现：小泥鳅都钻进豆腐中去了，只留鱼尾于外，相当有趣。此美食菜式的做法，很快便在当地民间传开，美其名曰"泥鳅钻豆腐"。

听老板说着如此有趣的美食，令我垂涎三尺。

连续几天来，我一直对那收获的 1 千克多的泥鳅念不忘，因为它们放在饮食店里，用清水养活着，目的就是让它们拉干净肚子里的杂物杂质而不用宰杀。到了第五天晚上，他们便把野生泥鳅从盆里打捞出来，放进盛有豆腐的锅里头，让它们在锅里白色的豆腐水中自由畅游。此时，它们全然不知，危险就要降临到它们身上啦。

只见饮食店的老板娘将柴塞进老虎灶中，用火柴点燃。锅中的泥鳅受热后，纷纷钻进一块块的豆腐里躲避。只见泥鳅尾巴越摇越慢，有些泥鳅是头扎在豆腐里，身子却在汤中；有些泥鳅则是身子藏在豆腐里，头却浸在汤中。

不一会儿，她将事前炒制好的生姜、干红椒碎末及桂皮屑、八角油、花椒等配料，与土榨花生油一起倒进锅中调味，加盖慢炖稍许时间。顿时，汤清见底，一幅飘香的"美食图画"逐渐出现在我们面前。

晚餐餐桌上，这道菜成了我们的至爱。吃着它，觉得十分鲜嫩可口，豆腐洁白，味道鲜美带微辣，汤汁腻香，野味十足。抿着一口黎寨村的醇香米酒后，老板笑着对我说，"野生泥鳅钻豆腐"这道菜，营养价值高，且其肉质细嫩鲜美，具有暖中益气的功效，被誉为"水中人参"，豆腐则为食品中的极良者，故野生泥鳅和豆腐同烹同吃，效果明显啊。

在祖彬农家乐饮食店里，吃着美食，老板的老父亲捋着花白的胡子说，说起这道菜，它还有一个典故呢。"野生泥鳅钻豆腐"又名"貂蝉豆腐"，它以泥鳅比喻奸猾的董卓，泥鳅在热汤中急得无处藏身，钻入冷豆腐中，结果还是逃脱不了烹煮的结局。好似王允献貂蝉，巧施美人计一样。

吃着美食，慢慢喝着酒，听着美丽的传说，一顿饭下来，3千克的米酒已经全喝完，醉醉的，不知不觉已经午夜时分。

貂蝉豆腐

爆炒蒙山"野猪"肉

店　　名：豪汉饭店
地　　址：梧州市蒙山县汉豪乡汉豪村 321 国道旁
推荐指数：★★★★★

那年月，蒙山野猪肉的味道，可遇不可求，能吃上正宗的野猪肉，乃人生一大幸事。那年代、那腥臊味是永远没法抹去的美食记忆。国家出台保护野生动物的有关法律后，蒙山县农村外婆家的人再也不敢打野猪了。此后，精明的蒙山人采取驯养野猪繁殖的办法，为当地人提供了更多更美味的"野"猪肉食材。

1988 年 11 月 8 日第七届全国人民代表大会常务委员会第四次会议通过了《中华人民共和国野生动物保护法》，自 1989 年 3 月 1 日起施行。此后，我再也不敢吃野猪肉了，但童年吃野猪肉的情景仿佛还在眼前。

那是距今 40 多年前的一个初秋，我在城里待腻了，很怀念乡下那静谧的日子，就匆匆搭上长途客车，回到了那伴随我度过金色童年的广西蒙山县汉豪乡的外婆家。

一家炒野猪肉十里香

　　树荫下，舅父一边摇着蒲葵一边对我说，蒙山县古为百越地，明清称永安州，民国初年才改为蒙山县。这里气候温和，雨量充沛，野生动物多，资源丰富，物产繁多，有汉、瑶、壮、苗、侗等 10 多个民族。当时国家还没出台保护野生动物的相关政策，人们保护野生动物的意识也不强，加之有些野生动物不时会出来糟蹋庄稼或伤人，所以农民们出于自保有时也会猎获它们。

　　那天，刚进村子，我就看见一位中年妇女，腿上和手上包扎了层层纱布由人搀扶着往村里走，说是在山上被野猪咬伤的，这使我心头骤增几分紧张感。次日，外婆笑着说："你总说喜欢'刺激'，今天晚上，你舅父要去守卫水稻，你就跟他去吧。说不定能猎获一头野猪回来呢。要是猎获野猪，我们用它炒几个菜吃。"

　　待到黄昏时分，我紧跟着扛着土制猎枪的舅父下田去，走在前面的是一条猎狗。走过羊肠小道，在晚霞尚未散尽之时，我们到了舅父用四根竹木柱子和茅草盖起的猎棚。

可是，我们一直等到残月当空，脖子发酸，仍是毫无动静。蓦然，远处传来窸窸窣窣的响声，猎狗这时怒叫起来。我不禁毛骨悚然，舅父细声笑道："这回野猪真的出来了。"他一边吩咐我"守老营"，一边抄起猎枪跳下猎棚循着猎狗的叫声走去……透过猎棚外的朦胧月光，我隐约看见一头比猎狗还大两三倍的母野猪东嗅西嗅，身边领着10多只野猪仔。

被猎狗吓到的野猪仔，四处逃窜。突然有三只竟跑到猎棚底下。我跳下猎棚，抢起木棒对准野猪仔的头猛地一砸，谁知本想砸的那只逃掉了，却打中另外一只，那野猪仔吱吱地尖叫着，晕头转向。

当晚，我们将那只20多千克重的野猪仔抬回外婆家。

野猪肉搭配青菜更美味

舅父亲自操刀，当我们宰完那野猪仔时，天已经微亮。我发现野猪肉没有肥肉，全是瘦肉和一张皮，带有一股强烈的野臊味。翻看野猪肉，果然与普通猪肉有着明显区别：皮肉分明，瘦肉非常厚实，皮较厚。

早晨时分，舅父备好蒙山本地三花米酒、味精、盐、酱油、葱花、姜片、胡椒粉等调料，把野猪肉去皮后切成片，顺便抓了一把干蘑菇放到盆里浸水。只见他把切好的野猪肉片放入沸水锅焯一下，随后放进烧热的油锅中，猛炒几下，烹入酱油、三花米酒爆炒，并迅速加入盐、葱、姜和适量山泉水。焖烧至肉熟烂，再加入蘑菇、味精和胡椒粉，随即出锅。那味道香得真是让人没法忍住，只好干咽口水。

野猪肉有几种吃法。与此同时，舅父用野猪肉、党参、当归、盐、葱、姜、胡椒粉等，制作了一锅野味十足的"野猪肉归参汤"，汤清香无比。

在早晨的餐桌上，舅父说，野猪肉对治疗虚弱赢瘦、痔疮等有一定疗效。当日晚餐，舅父又做了干锅野猪肉、葱白酱炒野猪肉两个菜，入口发现肉质十分细嫩，味道特别鲜美。野猪肉"火气很旺"，吃起来十分暖胃。喝点三花米酒，这感觉，挺爽。当晚，有起夜毛病的舅父居然一觉睡到天亮。

前不久，我再度回到外婆家探望，看到外婆彻底地老了。但外婆家斑驳的泥砖墙壁外面，用红油漆书写的"保护野生动物，人人有责"的大字，却很醒目。纵观村子显眼的外墙，都写有关保护野生动物的公益宣传标语。我问外婆："现在村里还有野猪出没吗？"她笑了笑，没有牙齿的嘴巴一张一合地回答："有啊，但不能捕猎，否则会犯法的。有时候晚上夜深人静之时，野公猪会钻进我们村与猪栏的本地土母猪悄悄交配，而生出'野'猪仔，村里人便驯养出不少野性十足的'野猪'。这种'野猪'猪肉肉质也很不错。"

后来，通过亲戚介绍，得知乡街道附近321国道旁的豪汉饭店有一道菜就叫爆炒蒙山"野猪"肉，我高兴至极，当晚亲戚就到饭店特地点了这道菜。这道野味为蒙山之行增添了不少乐趣，细细咀嚼，那股美味与当年的野味差不多，更增添了一番山区小县的浓厚美食文化滋味。

生猛野猪如今也被精明的蒙山人驯服了

龙圩猪油饼，
香甜深藏舌根处

店　　名：何家万利饼屋（银兴店）
地　　址：梧州市龙圩区龙圩镇银兴一路 2 号
推荐指数：★ ★ ★ ★ ★

走进梧州龙圩，猛然发现，它已经是一个现代化的新城区。从南宁至广州高速铁路就穿城而过，站在苍海湖湖畔，只见朝霞与白鹭齐飞，秋水共长天一色，秀美之中，隐藏雄伟之气。梧州历史悠久，人杰地灵，上古为虞舜巡游之地，秦汉时已建立郡县之制。梧州不仅靠深厚的历史文化底蕴而出名，而且其美食小吃龙圩猪油饼也同样闻名全国。龙圩猪油饼是极好的餐前开胃食品。

对于我来说，美食是第一吸引力。那年到龙圩旅游，很多朋友介绍我一定要品尝龙圩猪油饼，体验当地人的热情和小吃文化。

文友黎明靖还带我们到了龙圩镇银兴一路 2 号的何家万利饼屋参观，他说要带我们去品尝一下龙圩正宗猪油饼。

据说，这面饼屋已有百余年制作猪油饼的历史。上百年来，猪油饼的加工程序，如炸猪油、腌肉、炒米、熬糖浆、烘焙和包装等传统工艺基本不变。最好的猪油是猪的大板油，最好的烘焙燃耗料仍旧是从苍梧县狮寨、京南等镇采购的优质松木炭。

每只成品猪油饼中间都夹着一块小小的肥猪肉。据称，小肥肉的制作十分讲究，那一小块肥肉必须是用沸水煮熟后再用优质白糖腌制至少三天的大块猪板油，然后再加工成小块状。每只饼直径约五厘米，厚两厘米。用木模打饼成形后便可烘焙了。在烘焙中，那饼干内的一小块猪油汁已经均匀地渗到整个饼干之中了，怪不得味道十分可口啊。

带着对美食的好奇心，在龙圩镇银兴一路2号，我们找到了龙圩猪油饼的第四代传人何家勇，他向我们介绍了何家"可食"猪油饼的百年来的历史。"可食"字号由"可以好食"之意和"何"姓谐音构成。饼料由猪油、花生油、珠豆、芝麻、花生、大米、苏湾糖等多种原料炒制后糅合而成。"还有秘方在其中呢，这就是'知识产权'与商业秘密呀。"

离开那天，黎明靖赠送我一箱龙圩猪油饼。在回程途中，我打开观看，只见用白底红字的包装纸包装的猪油饼很美观，显示出色、香、味、形俱佳的诱人魅力。我经不住香味的诱惑而打开包装，拿出两只龙圩猪油饼悄悄品尝。

细致品尝之下，我发现这种美食酥饼，酥香扑鼻，微呈金黄色，表面有花生、芝麻等，它粉质细腻，松软适口，滋润香甜，脂香浓郁，入嘴酥化爽齿，清甜可口，甘香四溢，油而不腻。值得一提的是地道的龙圩猪油饼，不淡也不腻，甜度恰好，好吃不发胖哦。

　　这种饼吃起来酥脆鲜香，咬一口，香味四溢，外面的酥皮哗哗地掉下来，加上再合适不过的甜味，绝对是不错的饼。

　　酥，浓浓的香味与猪油香的结合令我每吃一口都欲罢不能，感到从里香到外。饼那小小的体积，一口一个，是一款很适合我们吃的小点心。

　　细看这种饼，只见它的表面花纹相当漂亮，富有艺术感，口感更是一般酥饼无法比拟的。香香脆脆，格外好吃，令人回味无穷。

酥脆龙圩猪油饼

梧州冰泉豆浆，如脂如奶

店　　名：冰泉豆浆馆
地　　址：梧州市万秀区白云路冰泉里 6 号
电　　话：0774-2022474
推荐指数：★★★★★

外地人作客梧州，冰泉豆浆不可不饮。冰泉豆浆是梧州特产，在豆浆的"饮料江湖"里，冰泉豆浆因其醇浓甘甜香滑的独特风味而闻名遐迩。出差到梧州，那天早上 6 点钟还不到，友人梁远成就打电话来催醒我说："我带你去喝两广著名的冰泉豆浆。"

到梧州要去冰泉豆浆馆，几乎成了很多梧州食客的共识，每逢节假日，食客熙熙攘攘，好不热闹。我们打的去位于梧州市万秀区白云路冰泉里 6 号的冰泉豆浆馆，只见店面不大，但一问才知它至今已有 70 多年历史了，仍然天天挤满食客。只见店内院子的一角有一处泉水流水潺潺，原来是"冰泉"在流淌，"冰井泉香"四个遒劲有力的隶体大字雕刻在石壁上。友人骄傲地告诉我，"冰井泉香"自唐朝已出名，

滴蓄成珠的梧州
冰泉豆浆

《梧州府志》记载："梧州城东有井出冰泉，井水甘凉清冽。"原来这泉水出自林木生意葱茏的白云山深处，只有优质清甜的泉水，才能酿制出口味独特的冰泉豆浆。

其实，冰泉豆浆早已成了梧州的一张"城市名片"，它以"香、滑、浓"三大特色驰名中外。同样是豆浆，为何在其他地方就喝不到冰泉豆浆的味道？原来冰泉豆浆制作的水源就出自此泉，是得天独厚的"冰井泉香"的井水。冰泉豆浆名字的由来，一听就知道与"冰泉"有关。在古代，唐代诗人元结在梧州发现了这个举世罕见的泉井，并写下铭文："火山无火，冰井无冰。唯彼清泉，甘寒可凝。"

看到没有座位，友人觉得十分对不住我，我们相互尴尬地笑了笑。没有办法的我们看到有一张桌子的夫妻食客快要吃完，便在旁边守候。看着他们吃早餐的场景，我顿觉口水几乎控制不住。那对夫妇也十分善解人意，喝足埋单后便匆匆对我们说："对不起，让你们久等了，你们来坐嘛。"我们高兴地坐下后，友人便去柜台买了4碗豆浆。我端详着面前的一碗冰泉豆浆，只见它略显稠状，稍等豆浆冷却，表面便结起一层浆皮，用卫生竹筷子挑起豆浆，浆液竟然像断了线的珍珠似的一粒粒成颗滴下。"梧州人把冰泉豆浆也叫'滴珠豆浆'。"友人见状告诉我说。我拿起瓷匙，盛一匙入口，汁浓味香，甘醇无比，口感无以比拟。除了浓浓的豆香，喝完后还有一种绸缎般丝滑的感觉留在口腔里，唇齿间清新的豆香久久不散。

文人墨客游玩梧州，都对冰泉豆浆留有深刻印象。民间流传"不饮冰泉羹，枉然到梧州"。著名诗人韦丘曾这样写道："滴滴珍珠凝素碗，甜如蜂蜜润如脂。何须着意寻红豆，自有琼浆寄相思。"

冰泉豆浆馆附近的那一口"冰井"，正在默默见证着豆浆的历史嬗变呢。20世纪30年代初，梧州市藤县朴实的农民黄采洲一家人到梧州冰泉冲谋生，他选择了冰泉豆浆馆旁的位置搭建了简陋的小屋，小屋后靠一条溪水、一片竹林，环境清静。他在竹荫下制作、出售豆浆与豆腐。他和妻子每天用石磨磨浆制豆腐。一天早晨，他挑豆腐到市区售卖，途经北山时遇到当时在北山养病的报馆社长陈炎。陈炎喝了他的豆浆后，便每天带几个人到他那里买豆浆。半年多后，陈炎多年的肺病竟不治而愈。因疑是豆浆的功力，于是辗转相传。再加上陈炎在报端发表文章，宣传冰泉豆浆美味可口，营养丰富，冰泉豆浆从此便扬名。以后，冰泉豆浆以其香、滑、浓的独特风味，独树一帜，吸引着众多客人。

喝着冰泉豆浆，也许就是品味着一段梧州厚重的历史。我轻轻地放下瓷碗，笑着问友人："冰泉豆浆既然那么好喝，70多年来为何不在外地开分店呢？"原来，很多商人都有在外地制作"冰泉豆浆"的想法，但多少次了，都没有成功，做出来的豆浆，始终没有那一缕缕奇特的浓芳香，缺乏冰泉豆浆的梧州特色风味。这是因为离开了冰泉水制作的豆浆，始终找不到那种独特芳香的味道。

梧州冰泉豆浆，每日食客熙熙攘攘

梧州龟苓膏，
与湿热不共戴天

店　　名：梧州龟苓膏专卖店
地　　址：梧州市万秀区居仁路中国骑楼城步行街
推荐指数：★★★★★

去年夏天，我到了广西梧州，品尝龟苓膏的味道，至今仍铭记在心，念念不忘。那天，漫步梧州街头，我发现有很多小店都有龟苓膏卖，几乎每店都挂着"正宗梧州龟苓膏"的牌子，价钱也挺便宜，每小碗2元左右。在居仁路中国骑楼城，我走得实在太累了，口干舌燥，于是，走进了中国骑楼城步行街梧州龟苓膏专卖店，买了一碗龟苓膏。大热天里，只见小店的陈小姐打开冰箱，从里面用勺盛了一碗龟苓膏，装得满满的，微笑出捧给我。一块块凝固的紫黑色膏状龟苓膏，散发出一阵阵冷气，其实，这并不是冷气，而是由于低温的龟苓膏刚拿出来，使碗周围的空气温度降低变成薄薄的水雾而已。

我捧着"冷气腾腾"的梧州龟苓膏，在中国骑楼城的屋檐下，拣了一个空位，悠然自在地坐在一张小凳子上，摇着小纸扇，观看着四周的风景。

这古色古香的骑楼城，有"中国骑楼城"之称，它也像梧州龟苓膏一样，是梧州一大特色，深具南国特色。

陈小姐告诉我，梧州是一座有着 2 000 多年历史的重要古城，有百年商埠之称。骑楼城就是梧州商贸极为繁华的一个标志，在南中国具有不可撼动历史地位。连绵成片的骑楼建筑见证了梧州历史的辉煌和繁荣，成为梧州一幅幅靓丽的立体风景画。

骑楼城下品历史、品尝龟苓膏则更有一番情趣。

梧州龟苓膏与骑楼城一样，具有悠久的历史。龟苓膏从 20 世纪 40 年代起，便在梧州很有名气，并成为当时两广一带著名的风味小食之一。至今，梧州老百姓对其摊店仍记忆犹新。"想食龟苓膏你就过来买，真材实料味道好……"陈小姐那 60 多岁的老母亲罗爱群，看到我这个外

清热祛湿的
梧州龟苓膏

地人，她还高兴地用梧州白话唱出当年手工生产、摆卖龟苓膏的流行歌谣呢。

那么，梧州龟苓膏是如何制作的呢？老人罗爱群对我娓娓道来："龟苓膏近属凉粉，用料讲究，成分有龟（胸腹部之前腹甲板）、茯苓、金银花、蒲公英等，经传统药膳秘方研磨、精制加工而成。冷冻后食用更觉清爽，加上龟苓膏本有清热解毒、拔毒生肌等功效，不仅是炎炎夏日的消暑良药，而且也是保健养颜佳品。"

我捧起那碗龟苓膏，只见它膏身乌黑剔透，亮洁光滑，我一口口品尝着，觉得柔软而富有弹性，伴有中药味的微苦感，但入口清凉，入喉沁人心脾，清甜甘香，生津止渴，我顿感暑气马上消减。

龟苓膏成了梧州人降火的凉茶

香脆经典野味，
油煎松树条虫

店　　名：欢乐饭店
地　　址：梧州市苍梧县六堡镇合口街
推荐指数：★★★★★

油煎松树条虫是偏远山区苍梧县六堡镇独有的一道风味美食。当地居民说，煎制这美食时只需放入盐、花生油以及简单的配料就行，食用油煎松树条虫有滋补等功效，是美食人生的一种享受。

前不久的一天，我们走进中国著名的六堡茶产地苍梧县六堡镇，只见这里崇山峻岭，山明水秀，松树类的森林覆盖率高，植被非常好。

晌午时分，我们在合口街欢乐饭店吃午餐，有幸品尝到这道美食。那两盘金黄喜人的油煎松树条虫，把它夹到嘴里，顿时觉得酥、脆、香、鲜，味道极佳，肥而不腻，满口异香，味道好极了，发觉它是极好的一道下酒菜。我们伴随着两瓶高度米酒，先抿一口酒，随后夹

香脆经典野味，油煎松树条虫

几条油煎松树条虫入口，发现这道美食芳香无腥，味道鲜美，别有一番风味。

当地如果"有朋自远方来"的时候，主人都会煎制上一盘油煎松树条虫，再弄上两三瓶米酒，款待客人，成了一道永恒不变的交际公式。

什么是松树条虫？它是在深山老林里砍下的松树的表皮里产生的一种条状小虫，它是从木皮与木质结合处的表皮繁殖而发育，然后逐渐成熟至条虫，它就往木材的木质里面钻，一边钻一边啃吃木质的营养而生长，所以说这种松树条虫非常环保，没有任何污染。成熟的松树条虫每条有四五厘米长，有小蚯蚓大，但它是白、肥、嫩，扭动着光洁的身子，样子非常可爱。

苍梧县六堡镇地处山区，远离闹市，是中国六堡茶产地。六堡处在桂东大桂山脉的延伸地带，境内峰峦耸立，海拔 1 000~1 500 米，坡度较大，有丰富的林业资源，主要以松树等为主，森林覆盖率达 85% 以上。因为松树多，所以每逢砍下的松树还没来得及运走，它就成了松树条虫生长的最佳乐园。因此，油煎松树条虫成了当地一道具有地方特色的风味美食。油煎松树条虫以其色、香、味俱全而风靡六堡及周边，吸引了众多食客。

因为六堡地处偏远，所以当地农村至今大部分农民仍然是靠松树作为主要燃料。每当农民用斧头劈木柴时，那松树条虫都会从木柴里面被"劈"出来，农民都会把它们逐条捡起收集，等待油煎下酒呢。

那天午餐，我们点了两盘油煎松树条虫，才觉得过瘾。虽然吃饱且喝得有点微醉了，但我还要看看当地厨师是怎么样煎制这道菜肴的。虽说是饭店，但这只是大排档而已，后面一大块空地堆着一大堆松树柴火。饭店的一名工作人员用电锯把松树锯成一段段长四五十厘米的柴火，他锯完后便拿起斧头，解开上衣甩在一旁，随后劈柴。每劈一段松树，都会收获数条松树条虫，有的是几条，有的是10多条。随后，他便把这些松树条虫都收集到盆子里。

"老李，快点煎一盘松树条虫，三号餐桌点的菜！"服务员催叫着。李厨师马上扔掉烟蒂，洗洗手，拿起一碗松树条虫，经简单处理后便放进火灶的大锅头里，瞬间一股清香味随着噼里啪啦的声音在厨房内飘散开来。他动作慢吞吞，一边煎制一边说："煎制油煎松树条虫不能心急，心急了，就做不好，如果柴火过旺，必会煎焦，所以只有慢慢来。这样煎出来的，才会色、香、味俱全。"只见他把松树条虫不断反复翻煎，松树条虫在锅里慢慢烤黄，烤到水分干涸，焦黄灿然的时候，便透出更加诱人的香气。那香劲才叫无法形容，清脆香中有一股大自然森林的气息。随后，他往锅里加入适量的用当地八角等为原料制作的五香粉调料，一盘金黄诱人的油煎松树条虫就做好了。

原来，煎制这道美食，要小火慢煎并不停翻转，省油不腻，慢慢地煎透了才更香脆且肉味十足，又不失营养，这样吃起来才是香脆经典的野味。

随后，这盘油煎松树条虫立即被服务员端出去上桌。我好奇地与他聊起松树条虫，李厨师擦了擦额上的豆大汗珠，笑着对我们说："夏秋季节是松树条虫的生长旺季，每逢这时，松树条虫正肥，也是最佳食用时机；冬春时节是没有这种东西的。油煎松树条虫是高蛋白、低脂肪的食物，对身体健康大有裨益啊。"

苍梧县六堡镇茂密的松树为松树条虫的繁殖提供了良好的条件

杨贵妃故乡，
红香菇鸡汤全盘皆红

店　　名：浪水佬美食店
地　　址：玉林市容县容州镇江南路
推荐指数：★ ★ ★ ★ ★

🍴 🈵 🛁 🛗 🚻 ⛲ 🅿️

早就听说过广西容县浪水野生红菇，吃过的人都说好，而以浪水红香菇和容县霞烟鸡为原料制作的红菇鸡汤，因其独特的清甜口味，曾获得"广西十大名汤"称号。

好山好水产美食。山青水绿的浪水是容县下辖的偏远小镇，2012年撤乡设镇。绵延的群山，树木葱郁，这些树木大多以红椎树为主，野生红菇就在密密的树丛下生长。

容县文友李涛知道我们到了容县县城，正值星期五，他说他工作忙，只能下午下班后请我品尝正宗容县浪水红香菇鸡汤。当日傍晚，他到江南路浪水佬美食店请我们吃晚饭。饭局伊始，服务员端上来一盆以红色为主调的红香菇鸡汤，这汤红得可爱。服务员给每人盛一碗，我用汤匙盛一小匙汤入口，发现鲜美无比，十分清甜……我问服务员此汤是否放了味精，这汤那么红，是不是添加了色素。服务员大笑起来，对两个问题进行了十分肯定的回答："绝对没有，如假包换。"李涛也笑着说，这汤的颜色就是天然的红色，汤的味道本来就是这样，如果加入味精，那味道还会变得十分奇怪，根本没法再喝。

还没正式上菜，我已经连续喝了三碗汤，因为这味从没品尝过，觉得很鲜美。餐桌上，我问起这红香菇汤的来历。李涛说，明天早上，干脆到老家浪水农村，我们一起去采摘红香菇，不过要很早起床，否则天亮后，红香菇就会开得很大，味道也会变的。我们做一顿自助的浪水红香菇鸡汤。

应李涛之约，当晚我们连夜赶往他的老家浪水，准备次日早上去体验采摘红香菇。他的父亲李先生老说，浪水野生红香菇是生长在红椎树荫下的一种珍稀野生菌类，无

独特香气的容县红菇

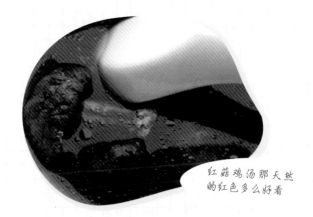

红菇鸡汤那天然的红色多么好看

污染，无法人工栽培。无论用它煲汤还是炒肉，味道都特别鲜美。

次日凌晨4点，我和李涛及其父李老一起，带上竹篓和矿灯，进山采摘野生红菇。万籁俱寂，微风吹过，松涛阵阵。走过了几座大山，就到了他家的这片责任山。

在此山中，只见这一片树丛下，遍地的红菇煞是可爱。我们用了半个多小时，把一朵朵红菇轻轻地采下放进竹篓中，享受了一把山间采摘红菇的无穷乐趣。当我们背着竹篓归来时，李妈妈已经宰好了一只土鸡。这土鸡的品种是容县著名的霞烟鸡。

用红菇和霞烟鸡制作的"红菇鸡汤"，那是两种最佳拍档的组合，味道妙不可言。

李妈妈看到我们回来，她就一边烧柴火做饭一边准备制作"红菇鸡汤"。在厨房里，只见她将一大海碗鸡肉倒进锅头的山泉水里，并放上花生油、盐和几片生姜，再没有添加其他任何配料，就开始加热。

老李把红菇洗净，待锅中鸡肉烧得差不多时，便把那小半篮红菇倒进锅中。不久，一锅红色正宗的"红菇鸡汤"

便端上了桌面。我呷一口汤水，夹几片红菇入口，嚯！汤特别清甜，十分可口，鲜香无比，香馥爽极。鸡肉的美味充分显露无遗，我品尝到了从没有过的美味。

我们正在慢慢品尝着这鲜香的汤、菇，李涛说，浪水天然红菇，堪称"菇中之王"。如果把野生红菇晒干后，与霞烟鸡、猪骨、土鸭肉等煲汤，其味更佳，鲜香美味，它富含多种人体所需的营养元素，对增进健康大有益处。

话说间，一锅红菇鸡汤被我们喝见了锅底。肚子容不下了，而嘴里仍感觉馋，最后那一口，我还想喝时，老李抢走了我的碗，他说："汤虽然好喝，但它最后那一口不能喝。为什么呢？因为红菇生于山间，它的根部免不了有很多细沙，根本洗不干净，最后会留在汤里，所以最后几口汤是会有细沙的。如若不然，那绝对是假红菇啊。"

原来品尝正宗"红菇鸡汤"的关键就在于此，真是恰到好处，妙到极点。

当地农民天亮前采摘回来的红菇

嚼劲十足玉林牛巴

店　　名：御厨酒家
地　　址：玉林市二环南路北段
推荐指数：★★★★★

到广西玉林，必吃"玉林牛巴"。什么是"玉林牛巴"？它是一种牛肉制品，是具有玉林地域饮食文化的传统美食。

前不久，我出差到玉林，文友梁智华热情地向我们推荐了玉林牛巴。

翻开历史文化的画卷，便可知道玉林牛巴历史悠久。自清朝就有关于玉林牛巴美味的记载，牛巴是玉林市最出名的风味特产，初期因纯手工制作，所以规模小，销售量少。20世纪30年代至40年代，西街吴常昌的牛巴极负盛名，曾制成罐头，销往桂林、柳州以及外省的贵阳、昆明、重庆、成都等地。新中国成立后，随着商品经济的发展，牛巴的产量不断增加，懂得制作工艺的人也逐渐多了起来。如今，玉林牛巴已成为饭店、酒楼、大排档必备的美味食品之一。外地客人到玉林作客就餐，东道主必要点"玉林牛巴"这道名小吃。

每道名小吃必有它一番诞生以及发展的过程，玉林牛巴也不例外。据传，南宋开庆年间，有一位姓庞的盐贩子，在运盐途中，他用来驮盐的牛累死了。他舍不得将牛肉丢弃，便把宰割好的牛肉腌起来，晒成牛肉干，进行储藏。回家以后，他把咸牛肉放到大锅里煮，并辅以南方特产八角、桂皮等调料。牛肉出锅后异香扑鼻，满室清香，左邻右舍闻香而至，他便热情地请乡邻共同品尝，席间众人无不称道肉香味美。

为何它叫"牛巴"？梁智华告诉我，是因为牛巴的牛肉形似牛粪，历史上便有人戏称它为"牛巴"，"牛巴"一名由此而得。

我们来到市区二环南路北段的御厨酒家，在饭桌上，服务员端来一盘牛巴，只见它色似咖啡，色泽油亮，盘的周围配以油炸的花生米，上面再放几条青绿的配料芫荽作为衬托，使整盘佳肴香味浓郁，十分好看。我夹两片美味的牛巴入嘴，感觉肉质细而有嚼劲，咸甜适口，韧而不坚，越嚼越有味，满口生香，再喝一口酒，话题便越来越多起来。梁智华说，正宗玉林牛巴为下酒美肴，也是馈赠亲朋挚友的佳品。玉林人举办宴席以及逢年过节时，均喜好以牛巴与油炸花生米拼作冷盘。夏秋季节，街头上各摊档的凉拌粉，常搭配以牛巴。

"这道名小吃，制作最关键的一道工序是煸炒。就是把牛肉片和配料放进锅里煸炒，煸炒的过程，武火和文火运用得要恰当。经验丰富的厨师往往能把握好火候，牛巴的色、味全靠这功夫。"饭店老板兴奋地跟我们说道。

玉林牛巴制作的选料十分讲究，最好选用黄牛臀肉，因为只有这个部位的牛肉最富有弹性和韧性，做出的牛巴才兼备爽口、味厚且耐嚼。

"一招鲜，吃遍天"，用这句话来形容玉林牛巴是再适合不过了。嚼吃玉林牛巴，仿佛在咀嚼人生。咀嚼，顾名思义，细嚼慢咽，去慢慢品味、咀嚼人生的真谛。在细细品尝中，我终于读懂了，生活就是一块巨大的牛巴，其中的咸甜适口的清香需要我们用心去体会，用心去倾听。

嚼劲十足的玉林牛巴

嫩滑甜北流豆腐花

店　　名：南方纯正甜品店
地　　址：玉林市北流市大容山林场内
推荐指数：★ ★ ★ ★ ★

豆腐花，处处皆有，处处皆可品尝得到，但舀起一勺豆腐花送到嘴里，有的只有佐料味道，缺少豆腐花的香味。但在广西北流市大容山农村吃的即磨即做的豆腐花，那一缕缕浓香，令我惊奇在这风光无限中，直抵返璞归真的年代。

盛夏的一天，文友潘雄杰带我们驱车来到大容山林场内的南方纯正甜品店，品尝北流豆腐花。

来到店内，只见店内店外很干净，屋子还是 20 世纪 60 年代左右林场建筑的瓦房，只是屋内装修得古色古香，加工豆腐还是采用传统的方法，我们一边喝茶一边纳凉。只见店的老板娘挑选自家种植的优质黄豆，经过充分浸泡后，手工用石磨研磨黄豆，加工豆腐花。潘雄杰说，夏日里，喝些豆腐花很有益处，可清热、解毒、降暑。

话说间，老板娘按照传统工艺制作而成的豆腐花已经做好，她没有添加任何化学物质，比我们平时在市场买到的好多啦。随后，她动作娴熟地一碗碗端到我们桌前，薄水雾缭绕中，还冒着一股股热气呢。这股清香，弥散出一种亲切的味道，与我小时候吃母亲所做的豆腐花的味道是如此的相同，不禁勾起我深深的回忆。

只见潘雄杰往我们每一碗豆腐花里加入调料——正宗大容山优质蜂蜜，香味扑鼻。我端起碗来，用调羹在碗里搅拌几下，看着浮在碗中一块块的雪白豆腐花，就忍不住舀起一勺送入口中，顿觉鲜、嫩、滑、细腻，入口即化，不过，结果因吃得太急顷刻被烫得舌头发红。这种急性，也许是那香味诱惑太大的原因。结账时，发现一碗豆腐花只需 5 元钱。

豆腐花当初就是这样研磨出来的

　　看到豆腐花，我便会想起童年时代。小时候，豆腐是我家的家常菜。那时候，我的母亲用小石磨磨黄豆，手工把生磨的黄豆浆倒进镬头里，用柴火加热至沸腾。

　　我总是疑惑不解，为何稀稀的一镬豆浆能加工成一块块白嫩嫩的豆腐呢？每次加工豆腐，母亲都把一种事先放入老虎灶里的草木灰中烧熟透了的块状石膏掰下一块，置于"厘等"（一种称量工具）上称量，然后将它慢敲碎打成很细很细的粉末，用小酒杯量一杯这样的粉末，把它在一海碗清水中稀释。后猛然倒在事前盛装好的沸腾豆浆中，迅速搅拌均匀。先后不到 5 分钟，一镬稀稀的豆浆就马上变成结实白嫩的豆腐。这快速凝固作用的关键之物就在于——石膏。晚饭时，吃着美味可口的鲜嫩豆腐，我问母亲："假如没有石膏能制成豆腐吗？"母亲将夹到了嘴边的

香甜豆腐花就是用这种
山区奉地黄豆做出来的

大容山香甜
豆腐花

一块油腻腻的豆腐放下，抚摸着我的头说："不行！石膏起了关键性作用，虽然它的分量那么少，那么微不足道。"曾当过私塾先生的父亲说，人生也如制豆腐啊，就好像你一样，知识如石膏，对凝固人生这镬"人生豆浆"起到很重要的作用，如没有知识的加入，人生也是稀稀的！

　　从此，我小小年纪便懂得了，石膏对于豆腐的成形是不可或缺的，就如知识之于人生那样重要。小院子里，渴求知识的我小小年纪便不知不觉中进入了人生的启蒙时代，开始用知识凝固、充实人生。

　　如今，品尝这正宗的北流豆腐花，发现与我儿时吃的豆腐花的味道居然是如此相同。这股馨香荡漾在我的口中，荡漾在我快乐的心窝，荡漾在大容山深处……

樟木豉油膏蒸排骨

店　　名：好又来饭店
地　　址：玉林市玉州区人民中路
推荐指数：★★★★★

在广西，有一种"固体酱油"，用它来煮肉则味透肉心，用它来煮鱼则可除腥味，用它来炒青菜又可除去"臭青"气。它就是驰名八桂的玉林"樟木豉油膏"。

那年到玉林参加桂东南祈福旅游，我们在市区人民中路好又来饭店吃饭，导游极力向我们推荐这种地方美味调料，当然她是没有回扣的。导游说，用这种樟木豉油膏蒸土猪排骨，味道一流，于是我们一桌另加了这道菜。不一会儿，服务员就把这道菜端上来了，顿时屋内充满了豆豉与排骨香味。我赶紧夹一块入口，觉得排骨肉软而豉汁浓，香滑入味，并伴有姜、蒜等味，正是因为有豉油膏的作用，才使得这道菜更加美味。

导游是本地人，对这道菜的来历了如指掌。她说，这道菜肴的最精妙之处在于用了新鲜的土猪排骨做主料，樟

用樟木豉油膏蒸的
排骨，味道浓香

木豉油膏做辅料，其香味是一般的豉汁排骨无法取代的。选用优质豉油膏，是豉味香浓馥郁的关键。这种排骨非常入味，以至于从它的骨髓当中都能感受到腌制的味道，其美味只能用欲罢不能来形容。

既然这么好的辅料，我一定要去探个究竟。后来趁旅游团最后半天自由活动之际，我到玉林火车站搭班车，半小时后到了樟木镇，去寻觅这种美味。

进入樟木镇街区，一股浓烈的酱香味扑鼻而来。闻香觅物是最容易辨别方向的一种手段。但满街飘散的豉油膏香气，几乎让我迷失了方向，因为街道上卖豉油膏的大小摊档实在太多。经过咨询街坊，我才在樟木镇供销社大楼附近的路口，找到了80多岁的樟木豉油膏制作工艺的传承人之一张发梗。

精神矍铄的他坐在摊档前张罗着生意。走近摊档，只见他卖的樟木豉油膏棕黄油亮，香气扑鼻，芳香无比。

闻其香就要追其踪。老人张发梗介绍，樟木豉油膏有明显的特点，它只用黑豆与糖熬制而成，不加香料，乌黑油亮浓香；咸淡适宜，易溶解、不粘锅、无焦味。用来煮肉则味透肉心，煮鱼则除腥味；长期保存油润如初，不发霉，不变味，不回潮，不腐烂。听了老人的介绍，我当时就买了 2.5 千克的樟木豉油膏准备带回家。

后来，听朋友介绍，豉油膏是黑豆经过蒸煮后发酵制成的，不但是调味料，而且是一味中药：性平，味甘微苦，有发汗解表、清热透疹、宽中除烦、宣郁解毒之效，可辅助治感冒头痛、胸闷烦呕、伤寒寒热及食物中毒等病症。

玉林"樟木豉油膏"是桂东南的一道独特的美味调料，也是一抹难以忘却的田园美味记忆。而用这种调料制成豉油膏蒸排骨，更是让我念念不忘。

樟木豉油膏，又有固体酱油的称号

昭平龙骨野石螺汤，滴滴清香

店　　名：曾氏农家乐饭店
地　　址：贺州市昭平县北陀镇乐群村
电　　话：18077490368
推荐指数：★★★★★

以前，在街边，我们吃石螺的机会很多，但野生石螺很少能吃到。前不久，在广西昭平县偏远的北陀镇乐群村，我们品尝到龙骨野石螺汤，野味十足。

盛夏酷暑里，我们到了乐群村，这里却十分清凉，因为这里植被茂盛，群峰叠峦，绿树成荫，所以气温要比大山外面低三四摄氏度。村子不大，只有 2 000 多居民，一条条小溪从山间"跑"出来，绕村而过，更给这个宁静的小山村增添几分妩媚。

当地朋友曾繁锋带我们到村里的曾氏农家乐饭店，他说有一个项目很好玩的，那就是自助做龙骨野石螺汤。我们便与饭店老板约好，今晚回来就做这道菜。

其实，这家农家乐饭店的自助项目，也就是你可以自

一溪清泉孕育原生态野生石螺

龙骨野生石螺汤滴滴香

已去河里游泳摸石螺，回来饭店代加工，饭店就收加工费、柴火费、油盐米饭费等，这样的项目令我们高兴万分。

曾繁锋相约我们到三涧河游泳。说是河，其实它只是一条小溪而已。他顺便背了一个竹篓，我忙问他竹篓的用途。他笑答："到溪里摸一些野生石螺回来打汤！"

沿着雨后的山间崎岖小路，我们走到三涧河畔，我小心翼翼地探足于溪水河。虽然是炎炎烈日，但这里绿荫蔽日，一片清凉的世界。三涧河溪水，九曲十八弯，一路"唱"着欢快的歌谣，浸泡着溪水两岸各种不知名的中草药的根须，一溪之水俨然就是从茶壶泡出来的香茗，携带着清香。

我们投入大自然溪水的怀抱中，高兴地跃入溪湾，夏日酷暑倏忽无影无踪。曾繁锋告诉我，北陀气候宜人，群山环绕，原始森林、次森林和人工林连绵叠翠，森林覆盖率很高。尤其是乐群村，郁郁葱葱的森林，优良的空气和水质，恍若一个巨大的"天然氧吧"。

其实，在溪中快乐的不仅是我们，还有小鱼、小虾，以及吸附在溪中石头表面的一粒粒如拇指一般大小的野生石螺。石螺是这条溪水中的主角。只见一粒粒黑色的它们"叮"在山溪的石头表面，"吸吮"期间，任凭溪水冲刷、泥沙磨砺，它依然如故。看它是不动，其实它是在细动，动作极其轻微，以致我们用肉眼几乎看不到，它是在等待溪水中流过的微生物和腐殖质及水中浮游植物、幼嫩水生植物、青苔等食物，"守株待兔"而已。

我们在溪中享受快乐清凉，曾繁锋一边游泳一边捡拾水中石头表面的石螺，把它放入竹篓中。不一会儿，我们就捡拾了满满一竹篓的石螺，凯旋了。

我高兴地认为，今晚肯定可以吃石螺了。饭店的人却笑称，捉回来的石螺肚子里有淤泥，要用水活养几天才行，让它们吐净肚子里面的脏东西，这样的石螺才能吃。

但我们不能久等，于是，饭店的人就在泡石螺的时候放点花生油在水中，结果不到半天，石螺们就把体内的脏物吐干净了。当日傍晚，饭店的厨师就忙开了，他们逐一把螺的尾巴用剪子剪掉，据说这是为了食用时可以用嘴巴把螺肉与汁轻易地吸出来。随后把事先熬制好的猪肋骨汤倒进锅头里，准备制作龙骨野石螺汤。在当地，村民称这种猪肋骨为龙骨。

　　只见厨师把从路边摘来并洗干净的野生狗肝菜与剪了尾巴的石螺一起倒进龙骨汤里，一并熬煮。他又加一些紫苏等配料，没多久，一股浓烈的香气就飘了出来。

　　晚饭时分，这锅龙骨野生石螺汤成了我的至爱。汤十分清甜，野味十足，甘香清冽，尤其是野生狗肝菜所调剂出的那股清香，那个鲜味，真的是无法形容。而且猪肋骨的骨香味和石螺的鲜味相互结合渗透，味道鲜极啦。当然，这美味虽然是自助，但饭店老板却在厨房一直做"制作顾问"，否则哪来如此美味。饭后结账，这盆汤只收了20元，相当便宜。不过我们也为此付出了大半天的劳动。

　　其实人世间的味美鲜汤，不一定是独尊燕窝鲍翅汤。这一锅昭平北陀龙骨野生石螺汤，那味道陪伴着我走过黄花岭、爬过龙门顶、越过良风峡等奇异风光，走出大山后，那股清香仿佛还飘在身边飘在眼前，思与想仍然游荡在乐群村的山水间、美味里……

美味的野生石螺汤

黄姚古镇九层糕，
渐入佳境层层香

店　　名：黄姚明记小吃店
地　　址：贺州市昭平县黄姚镇永安门附近
推荐指数：★★★★★

到黄姚古镇的游客，必吃小镇美味小吃九层糕。这种美食，我在五年前黄姚之行曾领略过它的味道。

贺州市昭平县黄姚古镇是广西有名的旅游胜地，有着近千年的历史，发祥于宋朝年间，兴建于明朝万历年间，鼎盛于清朝乾隆年间。由于镇上以黄、姚两姓居多，故以"黄姚"为镇名。

我的同学聂斌是地道的黄姚人。这次游古镇，他自然而然成了我的免费导游，当然也是美食导游。

黄姚是昭平县粮食主产区，盛产优质大米，所以镇上居民喜欢并擅长用优质大米、古镇仙人古井的活泉制作黄姚古镇九层糕，这种美食小吃几乎与镇的历史一样悠久，同样铭刻在古镇的历史文化长河的岁月里。

九层糕是一种米糕，制作讲究。它是先将优质大米浸透，用石磨加水磨成粉浆，用铜盘（铜皮或铁皮制成的蒸盘）放一层薄薄的粉浆，加热蒸熟，然后逐层加粉浆至九层。蒸熟的九层糕层次分明，软滑可口。人们将蒸好的九层糕切成菱形小块，每四块叠成一盘，取其吉祥之意。

在始建于明朝万历三年（1524 年）的黄姚古戏台的一侧，我们一边走，一边欣赏历史文化。在永安门附近有个黄姚明记小吃店，这是一个经营美食九层糕的小店，让我产生浓厚的兴趣，它可以让食客自己亲自动手做九层糕。看着门前充满好奇心的食客，我也跃跃欲试，加入自己动手做九层糕的行列。

虽然聂斌是本地人，这种美食吃过很多，但他从来没有自己动手做过。此时，我们决定动手制作，体验一下古镇的美食文化。我们两人共交了 10 元钱，便开始用石磨磨米浆（那米是事前浸泡好了的）。

我在自己腰间系上一条碎花围裙，随后把小半勺米浆放在铜盘（即蒸盘）上，搅拌均匀，在师傅的指点下，把铜盘放入蒸笼，蒸熟一层浆，再从蒸笼拉出来，再加一层浆，添至第九层，铜盘基本就满了。到了第九层就要在最上面放馅料。这些馅料是由瘦猪肉、香菇、香芋、虾米、头菜、马蹄子、木耳等切碎，并炒熟而成的。在添加第九层米浆时，撒上剁好的馅料，一起放进蒸笼蒸。

在第九层放进去后，老板对我说："这九层糕没有那么快蒸熟的，你们去逛一逛古街，回来就能蒸熟了。"

我们洗干净手，便出去领略古代戏台的文化风采。10

多分钟后，回到小店，得知九层糕刚刚蒸熟。

我馋得慌，未待老板把蒸笼的纱布揭开，就将手伸进去欲拉铜盘，结果手被蒸气烫着，马上条件反射地缩回手。

随后，我拉出铜盘趁热撒些葱花在表面，取出铜盘来，用一把不太锋利的菜刀将热气腾腾的九层糕大圆饼切成菱形小砖块，然后迫不及待地拿起小块蘸着黄姚豆豉汁吃起来。

蒸熟的九层糕层次分明，层层重叠，丰满坚挺，我用筷子将它一层一层撕开吃，口感绵密，趁热吃，吃起来柔软香嫩，软滑可口，鲜香，味美，爽口。越细嚼慢咽，越

中国名镇黄姚古镇

层层重叠层次分明的九层糕

觉得它风味独特，富有大米芳香，清醇微甜，味道丰富。

吃着美味的九层糕，聂斌却有着一丝忧虑。他说，自古以来，黄姚美食九层糕寓意"长长久久，步步高升"，表达了人们对幸福、平安、美好生活的向往，其制作工艺精湛，闻名遐迩。但由于当地人不太注意传承，现在可能会有随时濒临失传的危险。

望着这古镇有很高工艺水平的古建筑的梁柱、斗拱、檩椽、墙面、雕梁画栋的天花，千姿百态，栩栩如生，我浮想联翩，这古镇美食九层糕是否也能像这古代建筑一样，世世代代继续传承下去，生生不息，发扬光大呢？我期待着。

古色古香的黄姚古镇

吃龟石野生钩嘴鱼，才算到富川

店　　名：盛源水库鱼餐馆
地　　址：贺州市富川瑶族自治县柳家乡柳家街
电　　话：0774–7916120　13197538916
推荐指数：★★★★★

外地人倘若到广西贺州富川瑶族自治县作客的话，东道主一定会邀请你游览富川风雨桥，然后品尝龟石水库的野生钩嘴鱼。

钩嘴鱼是富川当地特有的一种鱼类，有着钩钩的嘴巴。它俨然是"深居简出"的勇士，藏身于水面三四十米以下，最爱钻进水里的石头堆中藏匿，并用钩嘴在水面和水底寻找食物。它性情较凶猛，一会儿钻到水底，一会儿又浮到水面。如果一旦有人接近并激怒它的话，鱼群就会群起而攻之，其背部的翅便会瞬间竖起，如锋利锯子一般，马上防备。钩嘴鱼个子小，单条最大不超过 0.5 千克。

因为钩嘴鱼生存与繁衍的范围较窄，只是在龟石水库一带附近的水域才有，其他地方是无法生存的，所以是一

只有在广西富川龟石水库才能有这种鱼

种不可多得的淡水鱼类。

秋季正是野生钩嘴鱼最肥美的时候，这时的鱼炖鱼汤、烧焖鱼，抑或是清蒸、水煮、烧烤，无不肥美鲜香。

我们走进盛源水库鱼餐馆，"今晚的主打菜就是焖野生钩嘴鱼！"同行的文友毛芳笑着向我们说。我要求看制作过程，老板也高兴答应。只见厨师从池中捞起野生钩嘴鱼过秤，去鱼鳞、鱼鳃、内脏，洗净，用葱、姜、盐、料酒腌渍，动作利落干脆。随后，将小鱼逐个下锅，炸成金黄色捞出备用。然后加高汤、八角、桂皮、姜、料酒、酸菜、番茄、辣椒等调料搅匀，加入炸好的鱼，用大火烧沸随后转小火焖，直到焖出浓浓的芳香。"焖钩嘴鱼时，最好用小火，只有这样才能达到骨酥肉烂味鲜的目的。"厨师握着锅铲对我说。

一小盆野生钩嘴鱼端上来，一条条苗条的钩嘴鱼"有序"地躺在盆中，上面散放着葱花，就连那少少的鱼汤的颜色也都是乳白的，一股股香气扑鼻而来。我忍不住用筷子夹起一条往嘴里放，只觉得它皮酥肉香鲜，连鱼刺都是酥的。随后我便一阵风卷残云，越吃越觉得这种野生鱼的肉质坚实，味美天然，是真正的天然绿色食品。野生的鱼是在自然的环境中生长的，跟人工喂养的鱼相比，吃起来味道更鲜美。我们几个外地客人看到盆里还有一些汤，真舍不得让它扔在那里，于是一匙一匙地就着饭吃，没想到竟然是那么能下饭啊。

现在，每次回味那一顿的鱼香，常常会莫名其妙地舔嘴抹舌地回忆起来。野生钩嘴鱼就如富川风雨桥一样，悠远、高贵、厚重，却又不失恬谧和典雅，这种浓浓的芳香，是野生鱼的美味，也是富川的少数民族特有的民间味道。

煎后的钩嘴鱼，再加上一些配料，简直叫人看到就会忍不住直流口水

城步苗族自治县

通道侗族自治县

资源县

全州县

三江侗族
自治县

龙胜各族
自治县

道县

●2号梯田农家旅馆

兴安县
●高尚人生农家乐饭店

灌阳县

灵川县

●喜悦农家乐美食城

●亭香灌阳油茶店

江永县

桂林市

永福县

恭城瑶族
自治县

富川瑶族
自治县

阳朔县

平乐县

钟山县

新桥酒家 ●

蒙山县

昭平县

金秀瑶族自治县

Part 4

桂林美味甲天下

桂林山水甲天下，桂林美食香千里。秀色可餐、大快朵颐，成了品尝桂林美食的永恒故事。因旅游的发展，桂林已形成了有桂林地方特色的风味美食。狠狠吃几顿正宗桂林美食，才能有满足感。

灵渠卵石鲜鱼汤，香飘湘桂

店　　名：高尚人生农家乐饭店
地　　址：桂林市兴安县灵渠景区内
推荐指数：★ ★ ★ ★ ★

人生旅途，去一个地方不仅是为了吃，而且也是去感受、去赏风景。边看风景边品尝地方特色美食，更会为旅途增添一道无形的风景。在广西桂林市兴安县野外郊游时的一钵卵石鲜鱼汤，传达的就是缕缕人生莫测且挥之不去的清甜。

那天，我们几个同学走进国家 4A 级景区灵渠景区附近的高尚人生农家乐饭店。说是饭店，其实就是大排档。饭店里的一道汤与众不同，那就是灵渠卵石鲜鱼汤，饭店即点即做。不过这里与别的饭店不同的就是可以自助，也就是花 50 元租一个烧烤炉灶和工具，可以自己下河捉鱼、钓鱼，有收获后可烧烤、炖鱼汤等都行，饭店提供各种配料。同行的昔日同窗秦学是兴安县兴安镇农村人，一位聪明豪爽的桂北小伙子。他说，今天我们就亲自动手做灵渠卵石鲜鱼汤，体验农家乐，等一会儿，大家就一边欣赏灵渠风光，一边捉鱼，一边烧制鱼汤，一举多得。

我们驱车来到灵渠南渠较为开阔的河滩边，驻足停留。这里的水十分清澈，时而有叫不上名的小鱼儿悠然自得地在水里享受天伦之乐。河畔的棵棵百年古榕，记载着灵渠的历史沧桑与嬗变，见证着灵渠的兴盛与衰落。

看着在水中快乐游泳的鱼儿，我们同学的手感到痒痒的，有的同学迫不及待地选择在不远处较深水的河滩开始垂钓，有的则在附近游山玩水，感受大自然恩赐的无穷乐趣。抑或是近年来电鱼的不法之徒猖獗的原因，过了两个多小时，五根竿才总共钓得 1 千克左右的灵渠鲜鱼。

"没带锅头，哪能烧制鱼汤？"我郁闷着。

这时候，秦学拿出饭店提供的各种配料，有野生木耳、

灵渠畔，成了人们
野外郊游的好去处

铁打的灵渠，流动的鱼

野生大叶芫荽、野菜等，并找来柴火，在河滩处升起了一堆旺旺的篝火。然后他拿一把柴刀，到河畔伐了一条楠竹，对开破半，削成五六节竹槽，盛上清澈的山泉水，并把洗净的木耳、大叶芫荽、野菜等，与开膛破肚洗净的鲜鱼放置到竹槽的水里。

烧烤灶里，只见秦学不停地往里面抛入河卵石。那些河卵石从灵渠中捞起，洁净、无青苔，被河水打磨得十分光滑，小如核桃、大如小拳头一般。没过多久，河卵石表面变得灰白直到通红，秦学就用铁钳把通红的河卵石一颗颗取出，抖动几下去掉灰尘，然后迅速投入竹槽的水里。顿时，爆发一阵阵吱吱的开水声，只几分钟时间，竹槽的水就"烧开"了。水沸腾起来，水、鱼肉和河卵石滚动起来，冒出浓浓的清香。竹槽的卵石、鲜嫩的灵渠鱼，还有叫不上名字的野菜在翻滚着，随着不断放入烧红的河卵石，汤温急剧上升，鱼肉加速变熟。

　　肉味飘香，食欲顿起。我们边吃边聊，野趣十足。这些鱼是来自无污染的灵渠，鱼肉嫩而鲜美，汤鲜而清甜。喝着鲜美的灵渠卵石鲜鱼汤，既解渴又顶饱，佐以 52 度的高度桂林三花酒，感觉极好。

　　在附近收获玉米的一位老农民看到我们如此吃法，也情不自禁加入我们的聊天行列。他说，这种汤不仅味美，优于煲、炖、煮，而且集野生河鱼的精华，味道与营养都是一流。

　　游览古老的灵渠，品尝着这灵渠卵石鲜鱼汤，真是一种说不出的快乐享受。不一会儿，这五六个竹槽的原生态卵石鲜鱼汤和 5 瓶桂林三花酒全部见了底，就连平时不喝酒的女同学，此时此刻也全醉了。不知道是醉于卵石鲜鱼汤，还是三花酒？抑或是醉于美丽的灵渠风光呢？

灵渠卵石鲜鱼汤就是这样熬成的

荔浦芋扣肉，
全国闻名

店　　名：新桥酒家
地　　址：桂林市荔浦县杜莫镇街区 321 国道旁
推荐指数：★★★★★

也许，看过电视连续剧《宰相刘罗锅》的人，对"荔浦芋扣肉"一定不会陌生。剧中广西地方官员将荔浦芋头作为贡品供给乾隆皇帝，刘墉怕乾隆皇帝爱上荔浦芋头而用染料代替芋头，避免广西要耗费太多的人力物力长途跋涉运送芋头。经过电视剧的传播，荔浦芋扣肉从此名扬四海，成为广西的名菜之一。

如今，在八桂大地，民间逢年过节、婚丧嫁娶都少不了荔浦芋扣肉这道菜。虽说这道菜的做法颇为讲究，但也是一道家家都会烹制的家常菜。

前不久，我应邀到荔浦县杜莫镇参加一个朋友的婚礼，在镇街区 321 国道旁的新桥酒家，吃到了正宗肥而不腻的荔浦芋扣肉，味道鲜美，令人念念不忘。

朋友在镇上举行酒宴招待镇上的亲戚朋友后，次日又

一块荔浦芋一块
扣肉紧紧依靠

要赶回农村设宴招待村中的亲人和族人。次日，我们便随着他们去了杜莫镇龙珠村。在龙珠村的宴席上，其中的一道菜也是荔浦芋扣肉。厨师告诉我，如果要知道这次酒席有多少桌，只要到婚礼结束时，清点吃了多少碗荔浦芋扣肉，就能算清了，因为一桌只能提供一碗荔浦芋扣肉。参加宴席的同时，我还有幸目睹了荔浦芋扣肉的制作过程。

只见放在厨房里的荔浦芋头个很大。厨师剖开芋头，芋肉布满细小红筋，呈现槟榔花纹，真好看。此时，一位吴姓厨师正在将两大块五花腩猪肉放进锅中煮，至七成熟时，就捞它出来晾一下水分，便用竹签对着猪皮直戳，使猪皮表面出现无数小孔，原来这些小孔是为了让扣肉的佐料汁更加入味而扎出来的。随后，厨师就用很少的蜜糖，涂在猪皮表面。随后便将它放进油锅里用油炸，虽然盖上了锅盖，但锅内仍热油飞溅。

当炸到肉的表面微黄时，就把肉捞出，冷却后，把肉切成半个巴掌大小的块状。然后，把事先加工好的块状荔浦芋放进刚才的锅中油炸至六七成熟捞起。

　　吴厨师把已经调配好的配料倒进块状五花肉和荔浦芋里。据说这些配料是用桂林豆腐乳、老抽、料酒、蚝油等调配而成。没多久，他用手将五花肉和荔浦芋相间叠放，码放成一碗碗，然后放进锅中隔水，再加锅盖开始蒸。蒸制1小时左右，美味的"荔浦芋扣肉"终于大功告成。为此，吴厨师足足忙了大半天。

　　吴厨师说，扣肉的"扣"是指当肉蒸或炖至熟透后，倒盖于碗盘中的过程。

　　我用筷子夹起一块荔浦芋扣肉（其实是两块，即一块扣肉一块芋头），品了一口，肉质细腻，松软芳香，香、酥、软、色俱全，爽口味足，具有特殊风味。尤其是它那金灿灿的颜色，更显明艳动人。

　　其实，这道菜不仅做法讲究，而且吃法也很讲究。吃时得将一块扣肉和一块芋头夹在一起，同时放进嘴里，如此搭配着的扣肉就会变得肥而不腻，而芋头又滑又香且淀

呈现槟榔花纹的
优质荔浦芋头

正在生长的芋头

粉十足。这样吃起来，才会感觉肉中有芋味，芋中有肉味，相辅相成，越嚼越香，两相结合，相得益彰。

品尝着可口美味的荔浦芋扣肉，我不禁忆起中学时代读过的清代文学家周容写的《芋老人传》一文，这篇选自《春洒堂文集》的文章讲道，一位老翁用煮熟的芋头来招待贫寒的书生，书生觉得芋头的味道十分香甜，吃饱以后，立誓不忘老翁的恩情。后来他做了高官，还当上了宰相，但厨师所煮的芋头却让他觉得再也没有以前那么香甜了。他便将昔日的恩人接到京城来，想要报答，老翁却告诉他说："犹是芋也，而向者之香且甘者，非调和之有异，时、位之移人也。"可见味道的好坏不是由于烹调方式的不同，而是由于时势地位和个人际遇的不同；人不能因为眼前的环境而忘掉了过去。这篇生动的故事中饱含着深刻的道理：时、位之移人也。

无论是镇上的喜酒还是在村里设的宴席，这一美味的荔浦芋扣肉会成为我永远抹不去的旅途记忆，肯定不会随着"时、位之移人也"。

一边登梯田，
一边品尝龙胜竹筒饭

店　　名：2 号梯田农家旅馆
地　　址：桂林市龙胜各族自治县和平乡平安村
推荐指数：★ ★ ★ ★ ★

倘若到广西桂林，看桂林山水，一定要到龙胜各族自治县游梯田，品竹筒饭，才不愧到过龙胜一游。

那年，我到龙胜，最难忘的也是这一道风景与这一种美食。龙胜不但竹子种类繁多，竹文化也丰富，有竹席、竹制品、竹编，甚至用竹纤维制作的牙刷等，竹子的利用与各民族的生产、生活习惯息息相关。至于竹筒饭就是由当地人用水蒸煮或者用火烤制而成的，尤其是用火烤制的味道更香。竹筒饭是当地具有深厚文化底蕴的绿色食品和生态食品。竹筒中一般放糯米、芝麻、香菇、花生仁和本地腊肉，有时也会放些胡萝卜丁和玉米粒。

那天游完阳朔，桂林文友、知名诗人肖品林告诉我，到龙胜游梯田，品龙胜竹筒饭，也是一大乐趣。

正值盛夏，说走就走。我们驱车到了龙胜和平乡平安村，只见这里的梯田绿意葱茏，梯田一层层从山脚盘绕到山顶，层层叠叠，高低错落，小山如螺，大山似塔。梯田线条行云流水，其规模与气势磅礴壮观。不时可见一群群鸟儿从头顶上掠过。

远处有起伏高耸入云的大山，梯田更像一级级"天梯"，立于天与地之间。顿时，我们被古代劳动人民的智慧与神奇力量所震撼。

肖品林告诉我，龙胜梯田始建于元朝，完工于清初，已有650多年历史。龙胜素有"万山环峙，五水分流"之说，越城岭自东北迤逦而来，向西南绵延而去。全县海拔1 500米以上高峰有21座。梯田景观被誉为"天下一绝"，景区被誉为"诗境家园"，而它所蕴含的浑厚的梯田文化则具有世界意义的垄断性。在龙胜浩瀚如海的梯田世界里，共有大小各异的梯田1.5万多块，最小的梯田只能插3株禾苗，有"青蛙一跳三块田"和"一床蓑衣盖过田"之说。

夏天的天气，仿佛孩子的脸，说变就变。刚才还烈日炎炎，不一会儿，就下起中雨。我们不得不急忙跑到附近居民

刚刚从竹筒里倒出来的饭

的吊脚楼避雨。也许，雨中观赏水雾中的梯田最富有诗情画意，令我们俨然一下子走进了古代的水墨画中，置身于一个梦幻般的世界，那水雾中若隐若现的梯田，一条条不规则的曲线在雾中显得如此柔美。作为全国生态建设示范县，龙胜植被完好，无污染，真像一个大的森林公园。

雨中的大山梯田随处都可看到冒白雾。此时，我远离城市的喧嚣，亲近大自然，温馨的风从脸庞拂过，诱人的墨绿弥漫在空气中，我站在竹影摇曳的吊脚楼楼阁，深情仰望着水墨画一般的天空，群鸟排着队掠过墨绿的梯田，自由"散步"，掠过天际，飞进了雨雾缭绕的大山……

时候已近中午，肖品林对我们说，干脆一边吃午餐一边等雨停吧，于是就品尝一下龙胜竹筒饭。这些龙胜竹筒饭既可以去当地农家品尝，也可以找当地人开的小饭馆。

在一家名为 2 号梯田农家旅馆内，就有现成的竹筒饭出售。竹筒饭有两种，分为烧烤的、蒸煮的，都是由厨师亲自制作的，价钱也便宜，10 元一筒，最适合登梯田当午餐了。

美味竹筒饭分为两种，
这是用火烤制的

走进这个既经营旅宿也经营饮食的农家旅馆，服务员礼貌地给我们斟茶，坐下后，服务员向我们极力推荐瑶家风味的竹筒饭。她说，龙胜竹筒饭是一种闻名的小吃，味道相当美。

那么竹筒饭是如何制作的呢？在这农家旅馆的厨房里，只见厨师把事前泡浸好的原料糯米、香菇和炒制好的花生仁、腊肉、芝麻、胡萝卜丁、玉米粒等，塞入竹筒中，并用鲜叶子把开口塞紧。一节竹筒的一端开口，另一端则是原本封闭的竹节。

接着，只见厨师在筒中放进适量的山泉，并把一批一节节的竹筒饭放到柴火上不停地翻转烘烤。这是需要耐心与时间的，当竹筒表层烧焦时，饭就熟了，累得满头大汗的厨师把竹筒取出，并把外焦黑的烟灰擦掉。我们用 50 元选购了 5 个竹筒饭。随后，他用刀轻轻劈开竹筒，此时香溢满屋，竹香、米香、腊肉香，异香扑鼻，令人胃口大开。虽然烧烤的竹筒饭外表黑不溜秋，但里面内涵丰富，味道甘香。

味是由舌头去品的，话是嘴巴说的。品尝着竹筒饭，感觉到它味道独特，米饭软而适口，营养与口感兼备，食后口齿留香，百吃不厌。吃竹筒饭，可以再配些龙胜糯米酒，吃一口饭再抿一口酒，其味醇厚，独具风味。

雨幕中，也许是竹筒饭的新奇和甘香而深受游客的喜爱，前来选购和品尝的游客络绎不绝。

龙胜，不愧是眼睛享受，嘴巴享受的好地方。游梯田，品龙胜竹筒饭，乐在山水不言中。

恋上灌阳
香甜油茶的味道

店　　名：亭香灌阳油茶店
地　　址：桂林市灌阳县观音阁乡中学附近
推荐指数：★★★★★

高山污染少的地方产出的东西味道特别好。桂林市灌阳县灌阳油茶便是一个明证，那股芳香甘甜味，至今仿佛还在齿边留香。味道独特又有保健功效的油茶，成为很多人追求健康的食品。

那天，当我们吃饱晚饭后，到达灌阳县观音阁乡中学，找到文友梁安早，当时已经是晚上 8 点多。他说，晚上安排大家品味灌阳油茶。

"其实，灌阳县的特产很多，有禾花鱼、红枣、雪萝卜等，但小吃灌阳油茶，却不为很多人所知。"梁安早高兴地对我们说。

他带我们来到观音阁乡中学附近的亭香灌阳油茶店，店面并不大，有几张桌子就放在树下。一阵寒暄后，他安顿我们坐在月光中的树下聊天。我想看看灌阳油茶是如何炒制的，便不声不响地跟着服务员走进厨房，看看厨师是如何"筛法"（灌阳方言"煮"的意思）油茶的。

只见厨师把花生油烧热，用锅把糯米炒好备用。随后他又把花生米用油炸至金黄，并备葱花，泡好干米粉。接着，放上煮茶锅。第一杯煮糖茶，糖茶就是把茶叶和白砂糖放在茶锅中，倒入水煮开。据说，糖茶是用来清胃和刺激味觉使人开胃的。

紧接着，就是煮油茶，只见他先把茶叶在锅里炒一炒，再把一些生姜以及绿豆放进锅里，用一把似"7"字的木制"茶叶锤"，把锅里的茶叶、生姜、绿豆等东西打碎。随后，放入花生油、排骨、香菇以及配料之类，再放入山泉水煮沸。不久，把炒米、葱花、花生、米粉、胡椒粉等作料放进盛茶水的小茶碗（当地灌阳人称它为瓯子）中，随后再

灌阳油茶，自成一格

正在煎煮的灌阳油茶

把茶水"筛"进小茶碗里。这样，一碗碗香喷喷的油茶就做出来了。

他一边"筛法"油茶，一边述说灌阳油茶史。原来，在桂林范围内，有多个县都有打油茶的习惯。在桂林市公布的首批非物质文化遗产油茶类名录中，就包括了灌阳油茶、恭城油茶、平乐船家油茶和五排油茶，但数灌阳油茶和恭城油茶最为普及。灌阳油茶相当于煮汤，茶叶较少，锅里放的东西比较多，比如排骨、蔬菜等，喝起来有茶叶的浓香，没有苦涩。

在灌阳，热情好客的灌阳人对尊敬的客人除了用酒就是用油茶款待，一般情况下，男人用酒款待，女人用茶相敬，亲朋好友共叙家常，融洽感情。这里的油茶代表的是放松、悠闲，也是交流感情的最好方式。油茶是友谊的见证，更是拉近朋友间感情的"黏合剂"，所以我们来了以后，梁安早特别招待我们喝油茶。

油茶味道如人生

　　"营养美味的灌阳油茶，是我们灌阳人生活中必不可少的食物，油茶已成为饮食中不可缺少的部分。早、中、晚餐和宵夜，只要和朋友或家人一起，都可以打油茶。"梁安早骄傲地对我们说。

　　望着刚刚制好的油茶，还没端上桌来，就先闻到一股茶叶、葱花、香菜特有的混合香味。我小心翼翼地端起小茶碗，舀一匙油茶入嘴，开始喝下油茶感觉苦，接着有涩的味道。慢慢品味，觉得口中最终被一种甘甜的味道占据。总体感觉，进口后初觉是茶叶的清苦，过后便是甘醇鲜香。此时此刻，让我感受到油茶的味道犹如人生。在喝第一二碗时主人不发筷子，直到喝到第三碗时，他才送上筷子。原来，当地风俗是，喝油茶必须喝三碗以上，只喝一两碗，主人是不太高兴的。

　　夜幕里，在瑶族的发源地——广西灌阳，喝油茶是一种特别的享受。

闻白果炖鸡浓香，识灵川海洋

店　　名：喜悦农家乐美食城
地　　址：桂林市灵川县海洋乡小平乐村
推荐指数：★ ★ ★ ★ ★

🍴 🌙 🐷 👤 👥 ⛰ 🅿

那年深秋时节，桂林市灵川县的朋友陈荷说带我去海洋玩，盛赞那里风光很好。我听了感到郁闷，桂林也有海洋？它不是内陆地区吗？陈荷听后不禁大笑起来。他说："我说的海洋是指灵川县海洋乡啊。到海洋乡，不仅要欣赏美丽的金色海洋乡银杏林海，还要请你品尝与银杏齐名的风味美食白果炖三黄土鸡。"

我不禁感到兴奋，味蕾一下子被调动起来。

在海洋乡小平乐村，陈荷带我们走进一户姓梁的农家亲戚开的喜悦农家乐美食城。一阵阵秋风袭来，吹落了院里那五棵银杏树的黄叶，也把挂在枝头的几个鸟巢吹得晃晃荡荡，这场景令人赏心悦目。树下，十几只三黄鸡翻着厚厚的金黄叶子在寻觅虫子。老板娘梁阿姨见我们到来，用一块抹

白果炖鸡

布轻轻地抹去树荫下花岗岩石桌、石凳上的银杏叶，并给每位客人热情地倒一杯开水。她说，你们先坐坐聊天，今天中午就在这里吃饭。

只见她抓了一把大米撒向树荫下的鸡群，那十几只三黄鸡一窝蜂地跑过来，争先恐后地啄食着大米。她一下手，手疾眼快，抓住了其中一只肥硕的三黄鸡鸡项（鸡项在当地来说就是鸡冠红但还从没下过蛋的母鸡）。梁阿姨抓着那只鸡对我们说："今天中午，我们吃白果炖三黄土鸡。"

在银杏树下，只见梁阿姨把那只三黄鸡宰后洗净，斩成一块块。随后从家里的储物柜中拿出四五十粒她家银杏树结出的白果放入铁锅中用猛火翻炒，直到果壳变成金黄色，才把白果起锅。

这时，她把鸡肉焯水，加入一点桂林三花酒、醋和老姜片腌渍，让鸡肉肉质变细嫩。随后把煲中的水倒掉，又注入半煲山泉水，加入适量本地花生油，并随手扔了一两只八角籽，再倒入焯好的鸡肉，用大火将汤煲慢烧。

在烧汤的间隙，梁阿姨就与我们一边聊天一边趁热剥刚炒的白果壳。

不一会儿，白果剥好了，汤也烧开了。梁阿姨便把烧开的鸡汤倒入紫砂锅中，再加入白果，开始炖汤。她说："炖汤过程一般来说需要三四个小时，才可以把肉炖烂，你们先去欣赏一下小平乐村的自然美丽风光吧。"

陈荷带着我们在村子周边欣赏参天的银杏树，其实，这里的深秋，置身于群山巍峨的海洋山之中，看到一片飘满金灿黄叶的银杏林，才会发现原来在山里的银杏林更具有大自然的本色。

行走在银杏的金黄色世界里，脚底踏着厚厚的银杏落叶，非常松软。当我们返回喜悦农家乐美食城时，看到银杏树荫下的石桌上摆放着一碗碗白果炖三黄土鸡汤，我的口水顿时几乎决堤。

一盆金黄色鸡汤里面，藏着鸡肉末与骨头，汤里沉着一堆呈纺锤形、小小的白果，汤蒸腾出的白雾，如梦如幻，却又真实地以香味逼人，我们唾液的分泌量可想而知。

色香味俱佳的白果炖鸡

在银杏树下，品尝白果炖鸡的感觉就是不同

我不禁快速拿起汤匙，舀一匙入口，发现汤汁如此鲜美，汤浓中带清，色淡黄又透白，味道鲜厚醇美，白果软糯回甜，鸡肉鲜香细嫩，汤浓、味鲜、不腻。

深秋气候虽凉，但这盆白果鸡汤令我们热气大升。树荫下，在这金黄的世界里，延续着童话般的梦想，那便是深秋的海洋秋语、美食秋语。

石桌边，我舀起汤碗中的一颗白果，仔细端详，幻想着，一颗白果撑起一片金色海洋，一颗白果造就一个美味世界。

这顿午餐，唯有这道菜非常给力，桌上的其他菜的味道与竞争力显得那么苍白无力。看着这小平乐村的一片金色海洋，呷着一口靓汤，陈荷骄傲地说："海洋乡历史文化底蕴深厚，尤其这道白果炖鸡美食，可以说是与小平乐村的风景一样闻名天下。"

海洋乡是幸运的，小平乐村是幸福的，美食的海洋更是我们幸福的幸运之海。

武鸣县

贵港市

西乡塘区

南宁

良庆区

横县

扶绥县

●飘香粽子店

●阿燕酸嘢店

浦北县

钦北区

钦州市

介史山餐馆
●

谭伯虾饼摊
●

合浦县

防城港市

天天来小吃店

东兴市

●益食家海鲜大排档

北海市

●美景饼店

●阮氏越南卷粉小食店

●宝岛饮食大排档

Part 5
海韵风味北部湾

　　大海边，树荫下，依滩傍北海的海鲜大排档，美景吸引众多游客，食客都是奔着海鲜而来；在防城港凭栏靠海，一边品美食一边喝酒，很容易让人陶醉；在钦州品尝特色美食，更是让人念念不忘。

越南卷粉，
过埠美味香北海

店　　名：阮氏越南卷粉小食店
地　　址：北海市银海区侨港镇金海岸大道中段
推荐指数：★★★★★

熟悉广西北海的人，都知道有一种"过埠"的美食——越南卷粉。在北海人的早餐里，越南卷粉这种诱人美食也是主角呢。

前不久，文友区琨瑜热情地邀请我到北海旅游，叙叙多年文学创作之谊，我便从广州搭高铁抵北海。次日清晨，他7点多就打电话到宾馆叫醒我吃早餐。他说，北海海鲜很有名气，晚上再吃海鲜。早餐吃越南卷粉是最合适的选择。

一盘越南卷粉，让我领略了"过埠"特色小吃的北海地方风味。

清晨，坐上区琨瑜的车走了10多分钟，便来到了银海区侨港镇。这镇不大，人口也不太多，离著名的"天下第一滩"北海银滩不远。"到了北海，早餐一定要吃越南卷粉。"区琨瑜在去侨港镇的路上就重复这句话，这家伙看来比我还馋。我们在侨港镇金海岸大道中段找到了阮氏越南卷粉小食店，便停下车。店虽小，但很干净，过往上班的人都在此停留吃早点，我们找了一个安静的角落。生意真的很不错，我们等位子就等了 10 多分钟，最后还是跟人拼的桌。

区琨瑜说，越南卷粉是北海的美味小吃，是北海人早餐和宵夜的挚爱选择。这里的卷粉很正宗，不过条很小，要吃很多条才能填饱肚子，一般是当早餐吃。其原材料是米，用米加水磨碎成米浆，再加入适量米糊调匀，放到蒸

在中国广西北海市不远处，就是越南

笼里蒸熟，形成粉片状的卷粉皮，然后根据个人不同的口味可以加上肉末、木耳、绿豆芽、香菇、鸡蛋、葱花、香菜等料馅，最后卷成条状，调上沙蟹汁、辣椒酱、酸甜酱或者酱油蘸着吃，口感爽滑、细腻，开胃可口。

在店里，我就觉得卷粉上得很慢。可能是因为点的食客太多，还有好多人打包带走的。卷粉有木耳、香菇和鲜肉三个品种，与平时吃的卷粉的区别是卷得更大些，皮更筋道，不容易破。味道不错，蘸汁很过瘾。我要了一盘共五条，端上来的小盘子里整齐地摆放好了卷粉，白嫩的皮面散发着热气，一股清香味。

我忙着开吃了，见我像几天没吃饭似的端起盘子来猛吃，区琨瑜笑着对我说："慢点吃！"我抬头看到他那斯文的动作，倒觉得很不好意思。

真是不吃不知道，一吃忘不了！现做的越南卷粉很清爽，又嫩又滑又软又香。那精细的手工包卷，富有特色的

令人胃口大开的越南卷粉

越南卷粉，漂洋过海过埠来

配料蘸汁，我十分喜爱，一下子吃了 11 条，才觉得饱。

　　面对这么好吃的越南卷粉，区琨瑜解释道，"卷粉皮是优质大米做的，这样筋骨好，做出来才会白嫩、润滑。卷粉还要包裹进肉末和香菇，保证它的鲜美味。而配料也十分重要，香菜、薄荷、骨头汤、蒜、辣酱等必须一应俱全，味道也就极大丰富啊。"

　　据说该店老板卖了 30 多年的卷粉了，他家是 1979 年冬天到这里定居的，1980 年夏天卷粉店开张后，一直经营到现在。店面还是那个店面，只不过装修了几次。

　　不错，在北海品尝"过埠"特色小吃越南卷粉，品的就是北海的海风海韵，一种精细而实在的南国生活。

酥脆北海煎虾饼

店　　名：谭伯虾饼摊
地　　址：北海市合浦县珠海路（即北海老街）路口
推荐指数：★ ★ ★ ★ ★

部湾是我国四大渔场之一，各类海鲜齐全，生猛鲜活，现吃现捞现制。各类海鲜与全国其他海边城市的相比，大同小异。不过在北海有一种用海虾制作的虾饼，个中妙处，美不可言。

那天晚上，我们踏上了北海市珠海路的一条老街，老街附近就是茫茫的大海。陪同的北海朋友张昆健介绍说，这条老街距今已经有 100 多年历史。斑驳的墙壁、古老的青砖地面、古色古香的门窗、空气中弥漫着的鱼腥味的气息，渔民、居民的夜晚灯火，100 多年至今仍然在延续。

在泛黄的灯光下，一位当地老渔民手工现场制作的虾饼诱惑着我们的味蕾。那老渔民自称为谭伯，挂出一个"谭伯虾饼"摊的招牌，衣着朴素，就在街边的骑楼城下摆摊设点"守株待兔"卖虾饼，那"兔"就是食客嘛。

北海煎虾饼又香又酥

　　"阿伯，我们买3只虾饼！"我对谭伯说。谭伯不慌不忙地站起来，舀了一勺糯米浆，放进一个带着长柄的专门用于炸制食物的小托盘里，然后随手抓了六七只海虾放到浆面上，他看看可能分量还不够，又微笑着随手加了两只，并迅速把小托盘放进滚开的油锅里，一阵阵"吱吱吱"声随即传出。

　　这时候，鲜香味弥漫老街，我伸长脖颈看得入神。我从小就喜欢吃油炸的东西，因为油炸的东西吃起来又香又酥脆。

　　话说间，谭伯把虾饼从油锅中捞起来，只见刚出锅的小虾饼金黄金黄的，有着淡淡的葱香，以及浓浓的海虾鲜味。

　　当谭伯把3只热腾腾的刚从油锅里捞出的虾饼放到盘中时，鲜香美味霎时将我们几个年轻人的食欲"吊起来"，抄起一只咬一口，外脆里软，香鲜可口，爽脆的口感、浓浓的虾香喷涌而出。谭伯张开缺掉两只大牙的嘴笑着问我们："味道如何？"我们几乎异口同声应答："味道好极了。"

也许是美味感染，也许是美味难挡，这时候，有 5 名贵州游客看到我们吃得香，也争相向谭伯购买虾饼。

我们每人一只色泽金黄、香味四溢的虾饼，不消片刻，就在"好吃"声中被消灭掉。这味道总比往日吃的虾饼感觉好多了，原因何在？尝罢，张昆健的评价是：到底是鲜海虾，鲜味十足，比酒楼里的虾饼好吃得多。酒楼里的虾饼食材基本上是以塘虾为主，就像我们常挂在嘴上的：放养的鸡要比圈养的味道正宗，养殖的鱼虾如何敌得过野生的海鲜鱼虾味儿美。所以说，做虾饼，食材来源与是否新鲜极为关键，只有吃过的人才能感受到那份美味。

品味着美味的北海虾饼，行走在百年沧桑的古老骑楼街道上，只听涛声阵阵，大海仿佛在向我们展现温柔而宽广的胸怀。

广西北海百年老街，十分有韵味，融合了各种不同文化，很有饮食文化内涵。北海煎虾饼就是这里的一种著名特色美食

涠洲岛蟹粥，海韵浓郁

店　　名：宝岛饮食大排档
地　　址：北海市涠洲岛石螺口景区海滩
推荐指数：★★★★★

在广西北海市北部湾海域上，有一个美丽的岛屿叫涠洲岛。在岛上，品尝过地道的美味蟹粥的食客，无不为其鲜美浓郁的香味所折服。

那年深秋，我们乘搭的轮船从北海银滩国际客运港出发，经过一个多小时的航行，抵达了位于茫茫大海中的涠洲岛。当时，夕阳已经没入了海平线，月亮正准备到空中"散步"。

这座南中国的边疆海岛，此时沐浴在金色的晚霞里。那一望无边海天相连的波澜壮阔，那海浪惊涛拍岸的巨大声势，让人不禁陶醉，涠洲岛岛礁环布的奇景，那生活在岛礁缝隙处的只只海蟹，无不给初次踏上涠洲岛的我们一份新鲜、一份惊奇、一份食欲。

晚饭后，我们来到岛上地理位置较高的鳄鱼山。只见山下海滩边的珊瑚礁、岩石在退潮后显得格外漂亮，巨大的火山岩石一层一层的，蔚为壮观。虽然海水退了，但一些礁、石处留下的一洼洼积水，在夕阳映照下，变成金黄色，和裸露的岩石一起，煞是迷人，并会不时见到几只海蟹蠢蠢欲动。

"今晚我们就用海蟹做鲜美的涠洲岛蟹粥，当夜宵吧。"一起同行的朋友陈美莲望着海边横行的海蟹，兴奋地对我们说。

夜色下，海风吹，顿觉深秋寒意浓。据说石螺口景区海滩的宝岛饮食大排档很有名气，我们慕名而去。虽正值

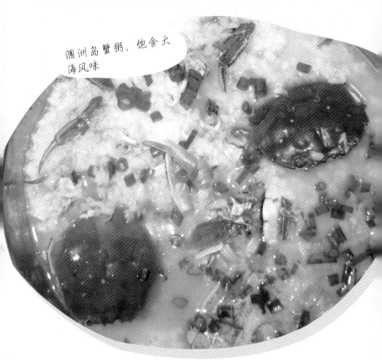

涠洲岛蟹粥，饱含大海风味

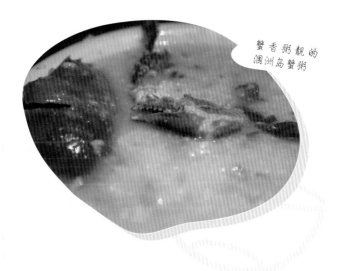

蟹香粥靓的
涠洲岛蟹粥

深秋，但此处的生意红红火火。我们5人好不容易才找到一张桌子坐下来，点了一煲"涠洲岛蟹粥"，那煲粥也不贵，只卖58元。大排档的加工制作是开放式的，所以我们得以看到他们煲制蟹粥的全过程。

只见一位阿姨动作麻利地把6只活生生的腿粗肉满、膏满脂丰的大海蟹去壳、去鳃，每只切成4块，用桂林三花酒腌一下，随后扔进刚刚熬煮到米粒已经快散开的白粥中，煮至蟹逐渐变红。一会儿，粥色变成黄色，锅中雾气腾腾，散发着蟹膏蟹油的浓醇芳香。

她一边搅拌着锅里的蟹粥一边对我们说，若要煲制地道的涠洲岛蟹粥，第一食材是关键，所选用的海蟹要来自北部湾海里自然生长的，可以从归航渔民的船上收购；二要灵活掌握好煲制工序和火候；三要用猪排骨熬制的好骨头汤来煮，并备好姜丝等配料。

待蟹粥成品出锅时，她放入盐巴、胡椒粉、葱等调味品。此时，刚出炉的蟹粥一上桌，我们就觉得味道超级鲜香清甜，它那香喷喷的味道、黄澄澄的卖相吸引着我，惹得我口水直流。

蟹鲜香，蟹粥色、香、味、鲜俱全，我舀一匙放入口中，只觉得粥不稠不稀，丰腴的蟹黄、鲜美的蟹肉，吃得我满口蟹香。蟹味鲜甜，肉质丰美爽口，好味的蟹粥令我一试难忘。

欣赏着涠洲岛的夜景，望着大海深处的点点渔光，听着声声海浪，我陷入沉思：欢声笑语中的食客，谁又知道吃蟹的文化？

蟹的美味，不用多说。海滩边海风中，我端起海碗，吸吮着海蟹壳，披着皎洁秋月，远望茫茫夜海，品着美味蟹粥，念着海子的诗句"面朝大海，春暖花开"，其情趣不言而喻。

制作蟹粥的原料

京族三岛风吹饼，
与纸同薄

店　　名：美景饼店
地　　址：防城港市东兴市江平镇解放路
推荐指数：★ ★ ★ ★ ★

我上一次到中越边境的广西防城港东兴市是在近30年前，那时，是到军营进行慰问演出，我们还唱着《血染的风采》，并观看了根据李存葆同名小说拍摄的电影《高山下的花环》。这些都已经成为历史，翻开历史的"存盘"，有一种当地美食——京族三岛风吹饼，至今想起来，我仍然觉得美味犹在口边。

最近一次去东兴市京族三岛是在去年夏天。这次，中越之间已经翻开了和平的新篇章，两国的边贸红火，人们安居乐业。我们京族三岛的美食——风吹饼，依然飘香边疆。

为了吃这种叫风吹饼的小吃，我们慕名走进了东兴市江平镇解放路的美景饼店，看看当地人是如何制作京族三岛风吹饼的。其实这里既是店铺也是老渔民李美景的住所。在店里，只见他用一把特殊的梯形扇子扇动着火苗，在火炉边用火烤制半成品的风吹饼。他说，风吹饼在京族三岛也称为"米乙"，"米乙"是京语的形声喃字（在汉语语言文字中没有这个字眼），左形右声，京族人用前鼻音发为"乙"音。京族喃字还有写作"米壹"或"壹"的，不过比较少见。然而，不管采用何种写法，翻译成汉语即为米团或糍粑的意思。

老李一边摇动着扇子，一边向我们介绍了风吹饼的特色。原来，这种风吹饼是京族三岛最有名的风味小吃之一，因其极薄，来一阵风就可以把它吹走，故名"风吹饼"。它是用糯米磨成粉浆蒸熟后，撒上芝麻晒干烤制而成的。食用的时候放在火上烤，它便逐渐膨酥，食之香脆爽口，风味独特。

老李取来一叠风吹饼，给我们每人一张。我连手也顾不得洗就接过来。拿着饼我发现风吹饼烘干后其重量更轻且更薄，几乎近于透明薄膜一般。它既像薄饼，又像锅巴，我掰了一小块饼，这种带着浓郁香味的小吃还飘着大米香，放入

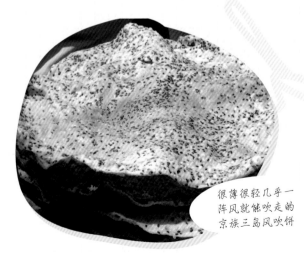

很薄很轻几乎一
阵风就能吹走的
京族三岛风吹饼

口中细嚼，韧性好，脆而不干不腻，的确酥香。

这种饼是如何制作的呢？老李的妻子从屋里出来，笑呵呵地对我们说，其实，这种小吃的原料是京族三岛的优质大米，采用传统制作方法，先将浸泡好的优质大米用电磨（或石磨）打磨成米浆，随后，将米浆摊匀在布箍（用环竹片把棉布箍紧制成的模具）上用蒸笼蒸熟，从而形成一张张状如荷叶的饼膜，再均匀地撒上芝麻，然后放置在户外的竹篾架上晒干，最后用炭火烘烤至香脆即可。

"因为打鱼过春，跟踪鱼群到巫岛，巫岛海上鱼虾多，落脚定居过生活，京族祖先在海边，独居沙岛水四面。"品尝着这小吃风吹饼，我的耳边传来了一阵阵悦耳的歌声。细问之下，得知这首传唱在北部湾的古老民歌，讲述了一个民族的发展和变迁，演绎着北部湾风情。

次日早上，我们准备离开东兴时，还特地驱车来到江平镇，找到这家手工作坊的美景饼店里，选购了 100 多张风吹饼，带着海韵，带着边疆人民的特色风味回家。

游客十分喜欢吃风吹饼

东兴海鸭蛋，蕴藏着大海风味

店　　名：益食家海鲜大排档
地　　址：防城港市东兴市江平镇金滩
推荐指数：★★★★★

你如果到广西防城港，不能不看大海，如果到了大海边，不能不吃海鸭蛋。海鸭蛋的蛋黄油汪汪、红澄澄，入口醇香沙糯，再回味一番还能品出浓郁的海鲜味。

那天，我带着妻子、孩子到防城港旅游。接待我们的文友林飞翔带我们去防城港东兴市江平镇的金滩看海。他说，到了海边一定要看红树林，品尝海鸭蛋，海鸭蛋是防城港东兴市的特产，如果不吃海鸭蛋，就枉到东兴了。

夕阳的红树林中，一群群鸭子正在悠然地觅食。海风拂面，放眼远眺辽阔的大海，抬头看蓝天白云，心情自由自在。在沙滩上漫步，惬意无限。缓步林中，清爽宜人，别有情趣。

吃海鲜的鸭子产下的海鸭蛋

沐浴在落日的余晖中，我们就在金滩的益食家海鲜大排档吃晚饭。这一餐，也基本上是以海鲜、海鸭蛋为主打菜。

在包厢里，听着林飞翔的神奇介绍，我好奇走进大排档的厨房察看海鸭蛋。此时，厨师正在制作海鸭蛋蛋包，只见厨师把蛋打开后，蛋黄往外直冒油，红黄红黄的，一下子激起了我的食欲。

"你到包厢稍等，喝杯茶吧。等一会儿海鸭蛋就能煎制好。"厨师觉得我在并不宽阔的厨房中走动，影响了他的工作。我识趣地退了出来。

几杯茶两根烟的工夫，服务员就把第一道菜——煎制的海鸭蛋蛋包端上桌来。

这道菜，鸭蛋色泽金黄，鲜香扑鼻，果然有别于普通鸭蛋，金黄色的一块块，十分诱人。我夹一块蛋包入口，轻轻一咬，里面夹有捣碎后的海虾、海蟹，还伴有韭菜等配料，蛋质很嫩，口感很爽脆，仿佛还能品出大海的味道，不愧为蛋中上品。

林飞翔用筷子夹一块海鸭蛋停在空中，端详着说："为何味道那么好，就是因为海鸭常年都是在海边红树林中放养的，吃落潮后滞留的小鱼、小虾、小蟹等海洋生物，因而体格健壮，所以海鸭体肥蛋多，蛋黄晶红，味美鲜香。

一位服务员告诉我，海鸭蛋有很多种吃法。煎制的海鸭蛋味道不错；也可以水煮海鸭蛋，蛋黄特别好吃又不腻；还可以和螺肉一起煎着吃，味道也很好；腌制的咸海鸭蛋，口味醇香，营养丰富，具有鲜、细、嫩、松、沙、油6大特点。我们平常家鸭所产的蛋，其营养与海鸭蛋有很大区别。

在金滩，吃海鸭蛋同样能吃出海味。林飞翔笑着说："海鸭蛋是海鲜延伸出的一个有名的'副海鲜'，这里的海鸭蛋已成为广西的名特优农副产品，其味道不同于鸭场的鸭所生的蛋，只有你亲口吃了才能感觉得到它鲜美的特点。"

每一块煎海鸭蛋都能品出大海的韵味哦

山与海的结合，
美味萝卜缨炒海螺

店　　名：介史山餐馆
地　　址：防城港市上思县南屏瑶族乡政府附近
推荐指数：★ ★ ★ ★ ★

萝卜青菜，各有所爱。虽然是不起眼的萝卜缨，但和海螺搭配在一起，经过聪明的广西防城港市上思县南屏瑶族乡居民的精心炒制，就成了一道难得的山与海"结合"的和谐美味。

上思县南屏瑶族乡位于广西十万大山的腹地。自治区级贫困村，风景绮丽，村民热情好客，当我们到达乡政府所在地，米强村党支部第一书记陈福昊从村里赶到乡政府，热情地接待我们。他还顺便捎来一把米强村种植的萝卜缨。陈福昊是我在南宁参加自治区扶贫开发培训班时认识的朋友。朋友相见，格外热情，倍感亲切。

萝卜缨在很多人眼里，是不屑一顾的菜叶子。什么是萝卜缨呢？我们吃的萝卜其实是长在土里面的，萝卜缨是在土层上面的。萝卜缨也就是萝卜上面的绿色的茎和叶子的总称。

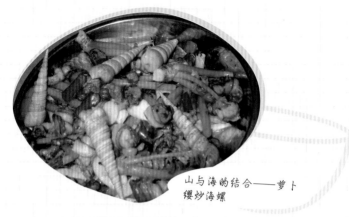

山与海的结合——萝卜
缨炒海螺

在南屏瑶族乡，当地人喜欢用大山窝米强村种植的萝卜缨，与北部湾大海里捕捞出来的海螺，炒成一道美味佳肴，把山与海进行"和谐结合"。

陈福昊在乡政府附近的介史山餐馆招待了我们。我看到陈福昊书记拿着那把萝卜缨走进餐馆的厨房，我也好奇地跟着进去。他说要让厨师加炒一味本地特色美食——萝卜缨炒海螺。我们走进厨房，只见海螺肉个头比较大，厨师把每只螺的肉切成两三小块，加姜、酒在开水里焯一下，然后用盐、糖、酒、姜粉腌制。接着，他把萝卜缨拧干水后切小段，放进锅中略炒干，便拨到锅的一边。接下来，他倒油、爆姜、蒜、小红辣椒末，萝卜缨加进去，加糖、盐炒，炒一会儿便铲起来。随后，厨师爆炒海螺肉，然后迅速倒入萝卜缨，搅拌至均匀。调味同时进行着，厨师再加适量蚝油，焖两分钟后，菜便出锅。一连串的制作工序，他一气呵成。我不得不佩服他的掌勺功夫。

桌上，首先我们一起喝粥，粥就是为了"打酒底"，打酒底在当地的意思是喝一些粥下去，以便等一会儿能喝更多的酒。喝粥时，我发现陈书记点的这道菜特别能下粥。

这道菜虽然清淡，却有滋有味，这估计和防城港的"鲜"文化有关。

美味从舌尖过，山与海心中留。边喝粥边吃菜，原来这道菜口感软滑，且有一股明显的海鲜味，海鲜味与萝卜缨的清甜，和谐地紧紧结合在一起，配合浓郁的辣椒味，浓缩了一种特有的大山与大海的情怀于其中，顿感更加可口。

在餐桌上，朋友相见相谈甚欢，皆大欢喜。美味就在不言而喻的低调奢华中，非常不错。要炒出地方特色的民间小菜，其手艺真是一门精深的学问。

这道菜很好地把十万大山的情怀与北部湾大海的情愫完美地结合在一起。后来，我们的酒量竟比平时大一倍，也许是跟刚才吃了萝卜缨炒海螺有很大关系。大山无言，大海翻腾，一个背靠八桂腹地，一个脚踏北部湾，却一起面朝大海，霎时春暖花开。

海螺是大海的馈赠

丰腴软滑灵山大粽

店　　名：飘香粽子店
地　　址：钦州市灵山县佛子镇佛子中心市场路口
推荐指数：★★★★★

饥饿时的一种美味有时是一辈子也难忘的。读大学时，我们班的广西钦州市灵山县佛子镇的同窗仇君模带来的灵山大粽，吃后居然令我回味至今。20 多年过去了，当我到这里旅游时，终于再次品尝到地道正宗的灵山大粽。

佛子镇位于县城东部，距县城 8 千米，交通便利。气候温和，雨量充沛，土地肥沃，盛产稻谷，所产大糯米因其粒粗油润，做饭柔软香滑，隔数日仍软爽如初而驰名，逢年过节更成为市场上争购的稀有物品。大糯米成了制作灵山大粽的最好原材料。

那天，我和朋友来到了佛子镇，灵山大粽几乎随处有售。上面一个煲，下面一个煤炉，一边加热一边卖，一阵阵煤烟味夹杂着飘腾的香粽味，从街巷传来。昔日同窗仇君模当时并不在佛子镇，他到广东肇庆市的一家媒体工作了，如果他在，我们就想叫他当导游。我打电话给他，问他哪家的灵山大粽最好吃，他在电话里向我们推荐佛子中心市场路口的飘香粽子店。我通过询问路人，终于找到了这家店。后来，我发现原来这店是专门卖灵山大粽的，还兼营包子、馒头之类。店老板看到我们是外地人，便热情地向我们介绍这粽子如何如何好吃。他拿起一条大粽微笑着说："这粽子是我们灵山的特产，采用灵山优质龙渊大糯米、野生粽叶、粟、绿豆、虾米、猪肉等为原料，是根据民间传统工艺精制而成的民族特色产品。它糯而不糊，肥而不腻，风味独特，美味可口，营养丰富。你们试过后肯定还想再吃。"

我买了一个粽子，打开粽叶，顿时，空气中弥漫着粽子的诱人香气，这种醇香几乎盖过了其他各种美味。给同行的朋友每人分了一块的同时，我自己嘴里却在暗暗咽口水。咬了一口粽子，觉得香甜嫩滑，甘醇浓郁，十分爽口，兼具黏、软、滑等特点，尤其粽子里面在瘦

用南方特有粽叶包起来的灵山大粽

肉内夹进一块肥肉，肥肉的油渗入米内，丝毫没有油腻的感觉，咬一口酥香满嘴，油润不腻。软滑甘香、香糯可口的美味灵山大粽，口感独特，沁人肺腑，别有北部湾的风味。

店老板来到我们中间，滔滔不绝地说着灵山大粽的好处。他说，灵山大粽是灵山人欢度新春佳节的主要食品之一，灵山有"无粽不成年"之说。它以体大丰腴、色泽光亮、味香鲜美而闻名于八桂，是广西最著名的传统风味名小吃之一。

从那次大学同学"美食会"至今，20多年转眼而过，但我再没有吃到过那次那么好味的粽子。也许是因为随着生活水平的日益提高，我的味蕾变麻木了吧。想不到，20多年后，我还能再度品尝到正宗的灵山大粽，不禁自叹：这世界真是太小了，这味道太诱人了。

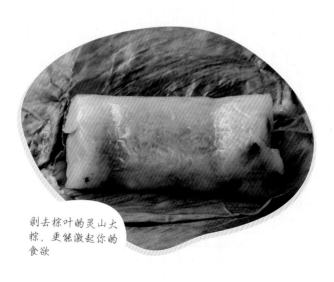

剥去棕叶的灵山大粽，更能激起你的食欲

灵山糟酿酸菜藏着历史风韵

店　　名：阿燕酸嘢店
地　　址：钦州市灵山县旧州镇新城路中国农业银行附近
推荐指数：★★★★★

美食吃得多了，未免会有点胃滞的感觉。那一次，我从广西一路走一路享受美食，到了钦州市灵山县一带，胃终于开始"闹革命"了，我觉得胃口不太好，可能是一路品尝了太多佳肴的原因吧。

当我们的车子进入灵山县西部的旧州镇时，同行的文友杨麦告诉我，如果胃口不太好，不妨吃点旧州糟酿酸嘢（嘢在粤语中是"东西"的意思），因为它很有名气的，且开胃消滞。

当地的文友林巧云在一旁也极力挺举这种旧州糟酿酸嘢。她说，在灵山特色小吃中，最具地方特点的既不是鱼和猪肉，也不是鸡鹅鸭狗，而是旧州糟酿酸嘢。它是用发得非常恰到好处的酒米糟，滤掉渣，然后随意加入辣椒、笋、豆角、萝卜皮、黄瓜等制成，用坛坛罐罐密封放一段时间再拿出来吃，口感脆嫩，色泽鲜亮，香气扑鼻，开胃去滞，醒酒去腻，不但能增进食欲，而且能帮助消化。

冬日的旧州，寒潮涌动。听到如此好的推介，我眼前一亮，睁大眼睛对司机说："我们找个糟酿酸嘢摊档下车，品尝一下这种小吃。"随后司机放慢车速，一边开车一边寻找。

在旧州镇，我们开车找到了在新城路中国农业银行附近的阿燕酸嘢店，一位年近八旬的老太婆在守档。档口的酸菜用一个个椭圆形的玻璃缸盛放，有酸白菜、酸芥菜、酸辣椒、酸笋、酸豆角、酸萝卜皮、酸黄瓜、酸杨桃、酸凉薯、酸青瓜等，坛坛罐罐，煞是好看。闻到那一股醇香、酸香，我的口水不争气地几乎快要流出来。店前，有四五

酸酸甜甜的糟酿酸菜，
煞是好看

开胃消滞，糟酿酸菜

个美女和阿姨在选购酸菜。从她们的谈话中看得出，她们与档主很熟悉。这就是旧州镇糟酿酸嘢摊的真实写照。

咬着一块酸甜可口的萝卜，感到酸甜搭配得当，我笑问："阿婆，你的酸菜做得那么好，是怎么样做出来的？"她张开已经没有了牙齿的嘴巴，笑着说："这种酸菜是用发得恰到好处的酒米糟，滤掉渣，然后随意加入蔬菜或者果品即可。手艺决定酸菜的味道，进缸时太热，酸菜会太酸；进缸时太凉，酸菜又会酸味不够。做酸菜嘛，也像做其他事情一样，要把握一个度，只有把握好了度，酸菜味道才会好。"

也许这些酸菜的故事还有很多，这位阿婆不会陈述，也不肯全部叙说，因为她的酸菜腌制配方都是家传之宝，她怕我们偷掉她的"秘方"啊。

酸甜可口的酸嘢可是最好的解腻食品，尤其像我们这样逛累了、胃滞了、口干了的游客，买一两块酸嘢吃几口，那是最佳选择啊。人，为什么爱吃酸嘢？原来是酸嘢能够帮助开胃消滞，在食欲不振的时候食用它是最合适不过了。从营养角度来看，适量吃些酸嘢，能够调节消化系统。比如一路行走在旅途的我，吃了几块萝卜酸嘢，顿时觉得眼前一亮，胃滞明显缓解。

在寒风中，站立在钦州州府故址前，沉思历史，感受历史，而带着历史风韵的这种酸菜味道甜酸，口感脆嫩，让人念念不忘。

槽酿酸菜，酸甜人生

看海豚逐浪，
品钦州脆瓜皮

店　　名：天天来小吃店
地　　址：钦州市三娘湾景区入口附近
推荐指数：★ ★ ★ ★ ★

　　应钦州文友梁通之约，今年盛夏，我第一次去广西钦州。到三娘湾看海豚，品尝钦州瓜皮，成了本次旅程的主要目标。

　　到了钦州，我们稍作停留，便由梁通带路，前往钦州三娘湾看海豚。在快到三娘湾的入口附近时，一些村民看到我们，便热情地打招呼。

　　"到钦州一定要看海豚，品钦州瓜皮。"梁通热情地对我们说。她又说："钦州是个小城市，对于你们大城市来的人来说，它没有什么好看的，可能会令你们失望，但看海豚、品钦州瓜皮这两项是外地人到钦州的必修课。"怪不得刚才在路上，我看到路边田野里，种着很多黄瓜，原来是这么一回事。

天气闷热，但不久便下起了小雨，随后热辣的太阳又慢慢爬出云层，此刻显得更加炎热，好在有一阵阵海风吹拂过来。但此时的三娘湾海面，并没有海豚出来"散步"啊。我不免感到遗憾。梁通说，如此闷热的天气，刚才又下了雨，海豚最喜欢在这样的天气出来。

果然，不一会儿，只见海面不远处掀起一阵微澜，随后一只灰色海豚猛地蹿出海面，然后又快速地跳进海里。还没拿出相机，它就消失在我们的视线里，顿感遗憾。等得不耐烦的我，耐不住雨后强烈的阳光，便独自跑进海边的黄瓜地畦里躲避太阳。

就在我等得不耐烦之时，突然间，人们发出了一阵惊喜的欢叫："海豚，海豚，又出来了！"我迅速跑出来，只见仿佛排着队的三只白色海豚，一会儿跃升海面，一会儿潜入大海，一会儿又跃出来，它们用轻柔的动作，在大海上画出了几段无比优美的抛物线……

不知不觉快到午餐时间，梁通说要请我们品尝地道的

品尝钦州脆瓜皮是一件乐事

钦州瓜皮。我们来到三娘湾景区入口附近的一家名称叫天天来小吃店的小店，这个小店不大，但生意兴隆，来来往往的人很多，主要以看海豚而口渴肚饿的人为主。主人是一对老夫妻。他们的店卖白粥兼卖钦州瓜皮，主要是方便过路人，顺便赚点生活费。

他们卖的钦州瓜皮也很独特，现炒现卖。我们一行几个人走进店内坐下来，准备品尝白粥和钦州瓜皮，以解渴压饿吧。

只见店主把钦州瓜皮洗干净，切成指甲大的小片，放进清水里加一点盐，浸泡 20 多分钟。然后把瓜皮捞出来冲洗且沥干水，将锅烧热并不放油，然后把瓜皮放进锅里翻炒几分钟，盛起。用锅铲铲些已经备好的由适量的糖、剁椒和蒜蓉辣椒酱组成的调料，然后倒进锅里炒匀。很快，一道美食出锅了。

这道素菜脆嫩爽口，在炎热的夏天拿来同粥一起食用非常美味，喝几碗白粥，就着这种咸鲜适口、天然回甘的瓜皮，外脆内香，清清爽爽的口感，自然舒畅。

梁通说，钦州当地有一句流传很广的话："宁缺燕窝鲍鱼，不可没有瓜皮。"可见当地人对钦州瓜皮的喜爱程度。

回程途中飘荡着瓜皮的香味和观看海豚的欢笑声，平添了热闹的气氛。民以食为天，钦州瓜皮丰富着当地人的餐桌和味蕾，它们就像百花园中的群芳，融入普通百姓的日常生活和民俗文化，组合成多姿多彩的北部湾畔美食文化。

紫云苗族布依族自治县

独山县

兴仁县

香江饭店

福龙土特产直销店

●八发农家乐餐馆

●南盘江饭店　　乐业县

河池市

宜州市

●岑氏酒家

田林县

昌记饭店
●

巴马瑶族自治县

广南县

红水河河鲜大排档
●

国道农家乐餐馆

富宁县

德保县

宾阳

天等县

南宁市

崇左市

钦州市

Part 6
挡不住的老区滋味

百色美食，千般滋补，万种滋味。一片洒满先烈鲜血的热土，一座英雄的城市，美食以桂西风味为主，常以滋补为主，定会令你口水决堤；河池美食杂合百家，独创特色风味，难忘味蕾快乐感觉。

味道，从百色芒叶田七鸡说起

店　　名：国道农家乐餐馆
地　　址：百色市田阳县百育镇百育村 324 国道边
推荐指数：★★★★★

百色市是百色起义的圣地、红七军的故乡，这是一片洒满先烈鲜血的热土，一座英雄的城市。如今，我们来到这个革命老区，烈士们的英勇豪情仍历历在目。百色不但以红色圣地而闻名，而且它的一种地方特色美食——百色芒叶田七鸡同样闻名遐迩。

那年夏天，我们一踏上百色这片神奇的红土地，就闻到一阵阵沁人心脾的芒果清香。我们乘坐的车子飞驰在南宁至百色的二级公路上，进入百色路段，不时看到有当地农民在路边竖着太阳伞，在伞底下用清甜的现摘现卖的芒果"诱惑"过往司机。

芒果也不贵，青皮芒果每千克才一元钱，我们停车驻足购买芒果，"惊动"了在芒果树下正在觅食的放养三黄鸡。

望着这漫山遍野的芒果树，细问之下，得知百色市是中国芒果之乡。

看看时间已经是中午时分，我们便在公路边的国道农家乐餐馆吃午饭。老板说他的芒叶田七鸡味道极好："百色芒叶田七鸡绝对是正宗的，保证食过返寻味"。

听他这么一介绍，我们动了心，决定就点这个具有地方特色的佳肴。服务员马上当着我们的面，跑到芒果树荫下，随便捉了一只放养着的三黄鸡鸡项拿去。

既然离吃饭时间还早，我干脆走进厨房，看看他们是如何制作芒叶田七鸡的。因为我每到一个地方，都对地方特色美食的制作有浓厚兴趣。

三黄鸡在芒果树下觅食

百色芒叶田七与鸡肉的最佳组合

厨房不大，却收拾得井井有条。只见厨师将那只三黄鸡斩为 20 多块，随后把姜、葱、紫苏剁成末状，与胡椒粉、麻油等调料和熟田七粉末拌匀放入鸡块中进行腌制。10 多分钟后，厨师就拿出事先准备好的 40 多张芒果叶，用两张芒果叶包裹几块鸡，之后，就把 20 多块鸡肉放盘中上笼用大火蒸。

我们在桌边等待，没多久，百色芒叶田七鸡就上桌了。只见这道菜菜色碧绿、味清香鲜、鸡肉嫩滑。我打开两片青绿的芒果叶，把鸡肉夹进嘴里。鸡肉味道不但芳香醇厚，而且尤为细滑鲜嫩，加上它又有田七与芒果叶子的特有芳香味，吃起来的确令人赞不绝口。

"我们百色饮食以桂西风味为主，具有口味厚重、制作精细的传统，百色芒叶田七鸡就是这里美味的代表作之一。"见到我们狼吞虎咽的贪婪吃相，老板微笑着骄傲地向我们介绍着。他又说，百色不仅是中国芒果之乡，也是我国田七的主要产地，一向以生产历史悠久、加工精细、质量优良的田七而著称。于是当地人就地取材，创造出了百色芒叶田七鸡这道菜，亦创出了本乡本土特色的饮食文化。

后来回到家乡，我试着自己动手制作这道菜，但始终做不出那种味道啊。可能是气候与水质不同，抑或是我的手艺技术有限。

山水田园，好味百色，红色记忆。如今，离开百色已经几年了，但这美味之肴仍然常驻心田，难以忘怀。

芒叶田七鸡的
制作原料芒叶

西林羊瘪汤，
连汤带肉都吃光

店　　名：岑氏酒家
地　　址：百色市西林县那劳乡那劳街
推荐指数：★★★★★

那年隆冬，我到百色市做系列报道"右江河谷新巨变"，到了广西最西部与云南交界的百色市西林县。在那里，我品尝到了一道佳肴——西林羊瘪汤。

西林羊瘪汤

用黑山羊做羊
瘪汤味道独特

西林羊瘪汤是居住在广西石山地区苗族人家利用山羊
的内脏制作的一道风味独特的佳肴，是接待宾客的上乘菜。
如今，在广西西北各县城大小餐馆都能见到"羊瘪汤"的
身影。

听说西林羊瘪汤在那劳乡一带是最出名的，所以当地
朋友便带我们到那里的岑氏酒家品尝这道美食，顺便还参
观了百色著名的那劳乡岑氏建筑群景点。

徜徉在岑氏建筑群里，从古宅斑驳的苔丝中，可以触
摸到历史的脉动。光阴荏苒，岁月蹉跎。岑氏家族在历史
上出过三个总督，当地人称"一门三总督"。如今，岑氏
家族的后人已经多数不在此居住。他们走出了大山，走向
全国各地。唯有这些古建筑群仍然在默默地诉说着昔日的
繁华与辉煌。

在这些保存完好的古民居旁边，我们在岑氏酒家里品
味着那"一门三总督"一代代承下来的一种美食——羊瘪
汤，它同样令我心潮澎湃。

朋友农绍福告诉我："羊瘪汤既可单独食用，也可用来下酒，这是我们本地人接待客人的第一佳肴。其实嘛，羊瘪汤是把羊内脏、油、血、肝、肺剁碎混合煮熟，再加入胆汁的一种杂味汤。"

关于羊瘪汤的来历，还有一个生动的传说呢。据传，在古时候，有一居住在高山上的苗家，有父亲和兄弟共三人。有一年，正值春旱缺水之际，父亲病故，兄弟俩为报答父亲养育之恩，杀了一只羊为父亲送葬，因当时用水困难，没有足够的水可以用来洗净羊内脏，于是兄弟俩商议，为节约用水，把羊肚、肠捏干净，再把羊油、血、肺、肝、肠、肚一起剁碎，混合一锅煮熟，然后加进羊的胆汁，用于招待帮忙料理丧事的亲戚朋友。其中有几位原来身体有病的人，食用羊瘪汤以后，所患疾病居然消除了，身体也逐步康复起来。当地村民从中悟出一个道理，由于春天的羊吃各种嫩草和树叶，它的肉就有药物作用，病人吃了羊瘪汤，药到病除。从此，羊瘪汤能治病的说法就在苗族中传开了。

坐在酒家里，听着这感人的传说，我决定去看看这种汤究竟是如何制作的。走进酒家的厨房，只见厨师把已经洗干净的编成辫子状的羊小肠抛入滚水锅中，与羊肝、羊油、羊血、羊肚、羊肺一起煮，待煮熟后取出羊肠切成小节，倒回锅中，也把羊肺、羊血、羊肚等捞出切成薄片，一起放入锅里混煮。接着破开羊胆，把胆汁慢慢滴入汤中，在锅里搅拌调匀，待到呈微天蓝色，一股浓香味款款升腾而出。"这种汤可连汤带肉食用。"他告诉我。

羊瘪汤既是一味佳肴，又有治病的功效。我送几匙汤入嘴，感觉清香鲜明，且带着一种微微的苦涩清凉味，香

当地农民正在制作西林羊瘪汤

盈满口，一种从来没有吃过的野味触动了我的无数味蕾。再夹几块羊肠入嘴，味道清香，绵绵挂齿。品尝着这热能较高的广西"省尾"美食，我的身体马上开始升温。

喝了这种汤，那晚，我感觉西林的隆冬特别暖和。

隆林煎蜂蛹，
绝对最佳下酒好菜

店　　名：南盘江饭店
地　　址：百色市隆林各族自治县沙梨乡沙梨村
推荐指数：★ ★ ★ ★ ★

　　　如果秋冬时节，你到广西最西北端的隆林各族自治县的话，那里的主人一定会向你推荐当地的美食——隆林慢火煎蜂蛹。那天，东道主李梓平问我想吃什么，我说就品尝你们当地的特色美食慢火煎蜂蛹。他说，吃慢火煎蜂蛹，一定要喝点高度酒。

　　那年深秋，我们驱车驶在国道 324 线广西百色至贵州兴义公路广西隆林沙梨乡境内路段时，不时可看到路边有行人挑着一窝窝的野生蜂蛹经过，与路边浓密的森林奇异风光相映成趣。

　　车停在沙梨乡公路边的南盘江饭店前，老板热情地招呼我们进去吃饭。我们问他有什么特色菜，他笑呵呵地对我们说："昨晚，村民们在山中的高大枫树上，收获一窝野蜂，得了很多野生蜂蛹。煎一盘蜂蛹吧，它绝对是一道最佳的下酒菜。"

经不住老板的一番积极鼓动，我们便毫不犹豫地点了一盘 80 元的慢火煎蜂蛹。老板为了证实蜂蛹是新鲜的，便叫服务员拿两块蜂蛹饼过来，每块饼有洗脸盆那么大。只见服务员将蜂巢口朝下在明火中烧一两分钟，很快，蛹口

好味蜂蛹的窝就是这样的

锅中一加热，蜂蛹翻动起来

壁膜烧光并露出蛹头。她就用手轻轻震拍，使蛹及幼虫从饼中脱落出来，有少量不能剥脱的就用小夹子夹取。盛蜂蛹的那个竹簸中，只见一只只蜂蛹蠕动着。从蜂巢里剥出的蜂蛹有白色也有黑色，有的是已经长出翅膀的幼蜂。

当地有经验的农民对我们说，只有在没有月亮的夜晚，收获蜂窝才能得到更多的蜂蛹。如果是在有月亮的晚上，即农历初十至廿日，收获得到的蜂蛹是很少的，采摘期应掌握在高龄幼虫至变蛹期最宜。

老板特意邀请我们进厨房，看他如何慢火煎蜂蛹。由于饭店地处公路边，柴火丰富易得，所以他的厨房全用当地的柴火灶炒菜，炒出来的菜特香。

饭店里没有其他厨师，他既是老板又是厨师，但生意挺红火的。因为蜂蛹是大山里野生的，人工饲养不了，更假冒不了，所以过往车辆的司机师傅，如果是吃饭的话，必点这道隆林特色野味菜。老板就在门口竖了一个大木牌，用红油漆写上"有隆林野生蜂蛹"这几个歪歪斜斜的大字，"别看这几个字写得不漂亮，但这道菜的味道可一点也不差啊。"老板微笑着对我们说。

在厨房里，只见老板用大镬头慢火煎蜂蛹。他说，要慢慢用火，否则煎出来的蜂蛹味道不好。

随后，他将蜂蛹一把把轻轻地放进镬头里，霎时间，镬头里蜂蛹"翻滚跳舞"，飘出一阵阵香气。此时，他不停地用锅铲为蜂蛹"翻身"，直至蜂蛹金黄，焦香逼人。

餐桌上，我们虽然点了四五道菜，但我觉得最好吃的首推蜂蛹。盘中的蜂蛹色泽金黄，香气扑鼻，夹几只酥香的蜂蛹入嘴，蛹体外脆里嫩，味美可口，再喝一口高度米酒，真是快乐赛神仙。我的座位临近窗口，端起一杯酒，把酒临风，望着起伏的青翠群山，感谢莽莽群峰为我们造就了这一道野味十足的独特佳肴。

老板也端来一杯酒征求菜式意见，也许他想把菜式做得更完美吧。他笑问："慢火煎蜂蛹这个菜味道如何？""很不错！"见到我们猛吃蜂蛹，他明白此言不虚。

他还告诉我们，其实，蜂蛹有多种吃法，有姜葱炒蜂蛹、香辣蜂蛹、蜂蛹煎蛋、椒盐蜂蛹、脆皮蜂蛹、金沙蜂蛹生菜包、油炸蜂蛹、蜂蛹上玉树、松子炒蜂蛹、咸酥蜂蛹等，每一种做法都很好吃。

因为还要赶路，所以司机不能喝酒，只能吃蜂蛹，他觉得没酒喝难受到极点。"吃蜂蛹只有配着高度米酒，那才是味道最好的。"老板笑着对我们的司机说。

煎蜂蛹是绝对好的下酒菜

大化鱼羊鲜汤，鱼与羊的结合

店　　名：红水河河鲜大排档
地　　址：河池市大化瑶族自治县红河北路
推荐指数：★ ★ ★ ★ ★

某年深冬时节，我们去河池市的大化瑶族自治县出差。在典型的喀斯特景观的大化山区，领略气势磅礴的红水河慈厚温情的风韵和深厚的红水河文化，一边品尝美食，一边欣赏纷呈奇景。

鱼与羊的结合，就组成一个绝妙的中国文字"鲜"，但它的美味就不是那么普通了。

鱼羊鲜汤中的鱼儿是取自红水河天然的鲜活红河鲤，没有污染，原汁原味。羊则是来自大化瑶山大石山区的黑山羊，纯食草动物，非常绿色。说白点，就是将高山上的黑山羊和峡谷深处的红水河的红河鲤"完美结合"，进而烹制出这道瑶族世间美食"鱼羊鲜汤"。

当地的美食文化内容较为丰富，许多风味独特的民间美食，深受当地人和外地游客的喜爱，其中"鱼羊鲜汤"

是游客必定要品尝的美食之一。

那个寒风凛冽的冬夜，当地的朋友邀请我们到一家酒楼用餐，我们说不如品尝一下当地有特色的美食，对方拗不过我们，只好带我们走进县城红河北路红水河河鲜大排档，品尝"鱼羊鲜汤"。

其实，这道美食制作较为简单，就是用"鱼"与"羊"充分结合。当地人陆荣斌告诉我，这道菜就是将黑山羊羊肉切成小块，先把羊肉放入锅里，加盐煮熟。随后，捉来几条红水河的红河鲤宰杀，并去鳞、去内脏，再往鲤鱼里塞入姜丝，放进油锅，翻煎至六七成熟。接着，就将羊肉连汤和煎好的鱼一起放在锅里，做成火锅边煮边吃。

大化的风味小吃鱼羊鲜汤起源于哪朝哪代已无从考证，但陆荣斌说，这道菜与"鲜"字有关：红水河鱼与瑶山黑

鱼加羊熬出大化鱼羊鲜汤

山羊同在一锅煮，"鱼""羊"汤不"鲜"才怪呢。

我们坐下边聊天边饮茶，几杯普洱茶过后，一名服务员端上了一锅香味诱人的"鱼羊鲜汤"，只见它盛在铁锅里用小火煨着，香喷喷地冒着热气。

我迫不及待地舀了一碗汤，汤香气袭人，鲜美无比。再夹羊肉入嘴，发现羊肉无膻臊味，鱼肉更无腥味……在寒夜里，吃羊肉既暖身又滋补，这道美食驱寒清香，增强了免疫力，抵抗寒冷。这几天来的疲劳与颠簸，全被这一锅"鱼羊鲜汤"化解了。

在酒不醉人人自醉的寒夜里，享受着这美味，再看看窗外远处连绵的石山，只见峰峦叠嶂，高峰丛，低洼地，层层相套，幽深神奇。我不禁暗地里喜欢上这个西部有民族特色美食文化的小小县城，喜欢上了瑶族人间特色鲜汤。

红水河的鱼，肉质很好

在长寿之乡吃烤猪，只剩猪骨头

店　　名：昌记饭店
地　　址：河池市巴马瑶族自治县百鸟岩景区附近
推荐指数：★★★★★

广西巴马瑶族自治县素有"中国长寿之乡"的美名。说到巴马，除了这项殊荣闻名世界外，还有一个就是饮誉中外的美食——巴马香猪。

去年秋天，我们出差去贵州，途经巴马，品尝了一次烤巴马香猪，那情那景，仿佛就在昨天。

本来巴马不在去往贵州的路上，但路上听到同事对这道美食的介绍，我们的心动了。到了河池城区，我们南辕北辙往西南方向走，经过一个多小时车程，终于到达了巴马。在路边询问了好几家大排档，对方都说，制作烤巴马香猪一般要4个小时左右，时间短的至少也要3个小时。原来，想吃上一头烤巴马香猪，居然要等那么久。在百鸟岩景区附近的昌记饭店，我们用300多元点了一头10多千克重的香猪，叫老板代加工烧烤再加50元的加工费。

在现场，只见厨师把宰杀好的香猪放在案板上，把猪身上的粗大骨头用刀剔出来，并用盐、酱油、花椒、五香粉、桂油、八角等调味料均匀地涂抹在猪身内外。

这时候，厨师将腌好料的香猪对折起来，并用粗钉在皮上戳了几排不规则的小孔。腌渍间隙，我们一起动手将粗块木炭点燃。我们与厨师一起，用粗竹片将香猪的身体撑开。此时，火已经很旺了。烤前的最后一道工序是给香猪的表皮涂一遍稀释过的蜂蜜水，据说这样烤出来的香猪颜色更加金黄好看，味道更好。

万事俱备，只欠东风。我们一起将那头 10 多千克重的香猪架到火上。

巴马香猪原来是这么烤制的

色泽金黄的烤
巴马香猪

期间，在旁边观看烘烤的一位百岁老人也不时提醒，烘烤香猪要经常"翻身"，否则会烤焦的。有时，他也亲自动手察看并翻动。大约半个小时后，扑鼻而来的香气顿时香飘四逸。

我们边聊天边等待，3个小时左右，香猪已经烤制完成。只见烤出来的香猪，外焦里嫩，色泽金黄，香气扑鼻。当烤香猪大功告成的时候，香气更是令人感到兴奋，这香气一部分来自它酥脆的皮，一部分来自它鲜嫩的肉，另一部分则来自像我们一样垂涎三尺的食客的焦急心情。

中午1点多钟，正是用餐高峰时间，饭店里高朋满座，客人多是外地的过往司机与客人。他们大口喝酒、大块吃肉、高声说话的豪爽气氛萦绕在整个房间。我们的座位被安排在吊脚楼上。水光潋滟，树影婆娑，一个如诗如画般的好地方，这就是长寿之乡，绿山掩映梯田、石桥、老树、吊脚楼，空气里满是山间的芬芳，一派诗意，令人精神振奋。

"上菜啦，请慢用。"美食终于庄重地登场了！一位服务员端来一盘烤巴马香猪。只见一只完整的香猪摆放在盘子里，金黄金黄的，表面油光可鉴，表皮起爆米花状。尤其是那对猪耳朵，金黄烤焦的可爱形状，真想一口就吃掉它。

我拿起一双筷子，随着一声清脆的"咔吧"声，一块香猪皮送入嘴中。食之脆嫩，我实在无法形容香猪是多么可口、多么柔嫩、多么肉质饱满，也无法形容在它的脆皮中包含有多少心醉神迷的精神享受。有人曾经说过："正如你无法评说交响乐，而必须倾听；同样，你也无法描述烤香猪，你只能品尝。"

一餐下来，8个人喝了三瓶高度酒，那猪皮成了绝对的下酒好菜。到酒足饭饱时，我看了一下桌面，一头香猪，几乎就只剩下几块难啃的骨头了。

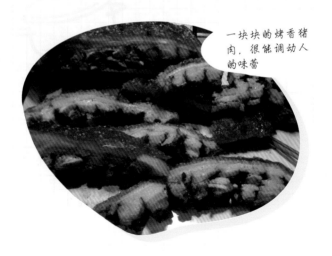

一块块的烤香猪肉，很能调动人的味蕾

吃过再想吃的环江"小鲜肉"

店　　名：香江饭店
地　　址：河池市环江毛南族自治县明伦镇明伦社区
推荐指数：★ ★ ★ ★ ★

乘坐喘着粗气的汽车经过九曲十八弯之后，终于把我们带到了桂西北的环江毛南族自治县明伦镇。进入明伦后，一股股肉香味不时飘进车窗来，沁人心脾。接待我们的是明伦镇中心小学老师李健捷，他早就在街边迎接我们的到来。

得知我们的到来，李健捷老师带我们来到了明伦社区的香江饭店。他说要请我们吃当地特色美食——白切环江小香猪。

进入饭店，只见桌面上已经摆放着一只金黄色的环江香猪，当地人又把这种小香猪称为"小鲜肉"。李健捷老师说："我们中午就品尝一下白切环江'小鲜肉'吧，你们应该从来没有品尝过这种香猪。"

这只香猪金黄金黄的，十分吸引人，令人垂涎，我不禁追问起这香猪的做法。为了让食客看到整只的香猪，该

蘸酱更好吃

饭店都是首先端上已经制熟的全猪，然后让厨师在包厢内的另一张桌子上当场白斩，以示让食客透明消费。话说间，只见厨师手起刀落，一块块白切香猪肉随手而出。厨师用双手在围裙上搓搓说："这种白切环江香猪是我们当地群众习惯的一种吃法。将仔猪宰杀放血后，浇开水浸泡刮净毛，然后用稻草将表皮烧成金黄色，洗净开膛，去内脏，与五六片柠檬叶混煮，熟后切块，蘸野生芫荽等调料吃，这种吃法原汁原味。"

"开饭啦！"李健捷老师高兴地叫我们围坐在圆桌边。正要喝酒时，他首先把水煮鲜味的一块猪肝、一块香猪粉肠"合二为一"，热情地夹到我的碗里。那块粉肠里面酿有猪血，细问之下才得知是将猪血适量渗水后灌肠煮熟，很好看。他说，这两块合在一起称"肝胆相照"，夹给客人，是当地对客人的尊重。我把"肝胆相照"夹入嘴中，食之味道十分鲜美，并伴有一股特别的香猪味。

盘中的一块块白切香猪肉，皮薄肉细，鲜嫩芳香，蘸着天然香辛料、食用盐、酱油等一些佐料轻嚼，感觉风味独特，肥肉清爽不腻，瘦肉则像含有土鸡鸡肉味，皮薄肉脆、不腥不膻、细嫩丰腴。这种香猪肉鲜嫩可口，清香飘逸。

原来，香猪制作采用民族传统制作工艺，结合现代科学配方精制，别具风味，其以色泽鲜亮，肉质柔嫩，香醇爽口，荤而不腻的独特风格令食客喜爱。

那天离开明伦时，李健捷老师特地送给我一头活生生的小巧玲珑的环江香猪，它颈粗、身短、脚矮，背腰下凹，毛乌细密，样子十分可爱。我用竹笼子盛装，并把它提上车，踏上归程。

一方水土，一方品牌。无论春夏秋冬，如果到环江来，不仅可以目睹香猪的风采，还可以大饱口福。

智者乐水，仁者乐山。环江是全国唯一的毛南族聚居县。期待你、我、他都带着欣赏和思索心态，来到这人间秘境寻美食独特味道，共同寻找一种快乐、纯真、忘我的人生境界。

卖相诱人的白切香猪肉

炖天峨野山鸡，
感受天峨特色

店　　名：八发农家乐餐馆
地　　址：河池市天峨县八腊瑶族乡中国电信营业厅路口附近
推荐指数：★★★★★

那年秋天，我随一个考察组，考察了广西河池市天峨县的工作，现场会就在八腊瑶族乡麻洞村召开。现场会期间的一道菜肴——清炖天峨野山鸡，令我难以忘怀。虽然它冠有"野"字，但是它是当地村民把山鸡饲养一段时间后，放鸡归山林，让它自由生长的，所以与野生山鸡的味道差不多。

那天，我们走进这个小村落，硬化的乡村村屯道路，具有民俗特色的农家小屋，错落有致，村中不时可听到山鸡的鸣叫声，好一派桂西北的新农村景象。

午间，县有关部门在乡镇上中国电信营业厅路口附近的八发农家乐餐馆设工作餐，招待与会者，工作餐的主打菜就是清炖天峨野山鸡。这里的农家乐设施虽然有点简陋，但见这里四方桌充满古色古香，窗外秋风阵阵，感觉特别爽快。由于考察时间缩短了，所以当我们的车子回到乡镇上的餐馆时，餐馆还没准备好饭菜呢。趁着这空隙，我进入厨房看看他们是如何清炖天峨野山鸡的。

只见厨师捉来一只毛色挺好看的彩色野山鸡，将鸡宰杀、去毛、开膛、剥内脏，并清洗干净。随后，将炒锅置旺火上，舀入清水，烧开后将鸡放入余一下，去净血沫，捞起再用清水洗干净。这一连串动作，他几乎一气呵成。然后将盛放鸡肉的砂锅置于水锅内隔水煮，辅以鹿茸、灵芝、枸杞等原料，盖锅盖，使之不漏气不进水。没过多久，开盖，只见汤汁乳白，肉质细腻，再配以葱、盐、姜、料酒等佐料，顷刻间香飘四溢。

秋冬季节的野山鸡肉最肥嫩，作为补物食疗最佳。席间，大家都觉得这一道菜肴野味浓郁，味道鲜，口感极好。

当地老农民介绍，天峨县以山高水长而闻名于世，山峻水秀洞神奇，景色如画，风光旖旎，民族风情多姿多彩。

在天峨，品尝清炖天峨野山鸡后，我们进入百里画廊

美味浓郁的天峨炖野山鸡

的红水河峡谷，船在峡中走，人在画中游。布柳河仙人桥、出神入化的川洞、每日涌出三次泉水的犀牛泉、静如处子的峨里湖、传天籁之音的纳州魔谷岩、曲径通幽的六排冰峰洞。这里群峰叠翠，沟壑纵横，古木参天，鸟啭兽鸣，瀑流飞练。龙滩水电站库区高峡出平湖，红水河上游的险滩急流湮没在 200 多千米长波平如镜、涟漪荡漾的巨大天湖里，镶嵌在云贵高原上的桂山黔岭中。岸边与山间，甚至可听到天峨野山鸡的阵阵鸣叫。

天峨野山鸡与天峨美丽的山水一样，美味与天生丽质永留桂西北的神奇天地间。

植被良好的天峨县

刘三姐故乡的牛肉条，爽韧又写意

店　　名：福龙土特产直销店
地　　址：河池市宜州市怀远镇农村信用社附近
推荐指数：★★★★★

　　"唱山歌嘞……这边唱来那边和。山歌好比春江水哎，不怕滩险弯又多喽弯又多……"歌曲《山歌好比春江水》出自我国经典电影《刘三姐》，这部电影是长春电影制片厂于 1960 年摄制的故事片。描写广西歌仙刘三姐与财主斗歌的故事，反映了广大农民与地主斗智的故事。据传，刘三姐当年就非常喜欢吃宜州壮家麻辣牛肉条，才有如此美妙的歌喉。

　　那次到宜州旅游，在旅游大巴上，我听着窗外这熟悉的悠扬韵律，不用问导游，就知道车子已经进入了广西河池宜州市境内啦。宜州，也许大家还不大了解，但说到壮族"歌仙"刘三姐，相信大家都不陌生。其实，宜州是刘三姐的故乡，更是一座具有 2 100 多年历史文化的古城。这里的居民不仅秉承了刘三姐爱好唱山歌的传统，喜欢唱山歌，而且十分喜欢一种美食——宜州壮家麻辣牛肉条。

既然到了这里，就要找当地的特色美食来品尝，我找到了当地怀远镇第一中学老师周国勇。他说，宜州壮家麻辣牛肉条很出名，我们去一家手工作坊，看看他们是如何制作的，同时也可以买到正宗的美食小吃哦。随后，他引路把我们带到了镇农村信用社附近的福龙土特产直销店。进入店后，我发现这里既是作坊也是销售的店铺。当我们详细打听这小吃的来历时，店老板停下了手机游戏，他笑着说："宜州壮家麻辣牛肉条是以宜州市高寒山区的福龙瑶族乡弄桑村等地特有的小黄牛肉为原料，配以广西古老的天然香料八角、肉桂、芝麻等，沿用壮族传统的原始方式，通过腌、泡、炭烤而制成，风味特奇，保留了牛肉的原汁原味儿。"

在该店手工作坊的试品尝工作间，我们看见放上桌面的这种风味奇特的牛肉条色泽光鲜，刚一看见时真是馋死我了。我拿起一根牛肉条，用手一条一条地撕开来吃。因

麻辣牛肉条，余香无穷，回味悠长

甜辣适口的麻辣牛肉条

为制作的时候是按照牛肉的纹路精心加工切条而烹制的，所以撕开的时候不用费劲，轻轻一扯就能撕下细细的一条来。牛肉条有韧性，但嚼的时候不用费劲，余香无穷，回味悠长。

放入口，发现口感不错，甜辣适中，肉醇味正，具有辣在口、甜在喉的特殊感觉，很香，够独特。也许正是这辣在口、甜在喉的味道才造就了壮族"歌仙"刘三姐的独特歌喉吧。

我不禁对这种美食产生好奇心。该店老板又一口啤酒下肚，舔一下嘴，告诉我："这种牛肉条是用牛后腱子肉（即后腿肉）作为原材料，把牛肉切成一小条一小条。牛后腱子肉要顺着纤维的走线切条，然后放入适量的盐、五香粉、辣椒粉等，这些香料都是纯天然的。然后进行揉搓，码放好，并放在阴凉通风的地方风干两三天。待风干了水分后便放入烤箱，烤15分钟左右就大功告成了。"

我们坐在下枧河畔的竹林下，欣赏着依山傍水、风景秀丽的壮族歌仙刘三姐的故乡，这风景秀色并不逊于桂林漓江，发现这里的确是旅游度假、休闲养生的好地方。

临别之时，周国勇特地送了10包宜州壮家麻辣牛肉条给我，作为留念。这些美味的牛肉条，我把它当零食吃，并与"驴友"们一起分享，大大减少了旅途中的寂寞。大家吃后，纷纷竖起大拇指，并询问这美食小吃是在哪里购买的。

在旅游大巴上，品尝着这种南方特色美食，大家纷纷议论，认为天南地北的牛肉条都品尝过，但这种美食的特性就不同于其他地方的牛肉条，肉要比市面上其他品牌的牛肉更软滑细嫩，韧劲十足。

在刘三姐故乡，品尝宜州壮家麻辣牛肉条，欣赏着当地群众悠扬的歌声，感受古韵浓情，在遐想中仔细品味，别有一番文化韵味与情趣。

美食索引

图书在版编目（CIP）数据

寻味广西 / 颜桂海著. — 北京 ： 北京出版社，
2016.9
　　ISBN 978-7-200-12392-0

Ⅰ. ①寻… Ⅱ. ①颜… Ⅲ. ①旅游指南—广西②饮食
—文化—广西 Ⅳ. ①K928.967②TS971.202.67

中国版本图书馆 CIP 数据核字(2016)第207207号

寻味广西
XUNWEI GUANGXI

颜桂海　著

*

北 京 出 版 集 团 公 司
北 京 出 版 社　　出版
（北京北三环中路 6 号）
邮政编码：100120

网　　　址：www.bph.com.cn
北 京 出 版 集 团 公 司 总 发 行
新 华 书 店 经 销
北 京 天 颖 印 刷 有 限 公 司 印刷

*

889毫米×1194毫米　32开本　7印张　150千字
2016 年 9 月第 1 版　2016 年 9 月第 1 次印刷
ISBN 978-7-200-12392-0

定价：39.80 元
如有印装质量问题，由本社负责调换
质量监督电话：010-58572393

京版梅尔杜蒙（北京）文化传媒有限公司是由中方出版单位北京出版集团有限责任公司与德方出版单位梅尔杜蒙国际控股有限公司共同设立的中外合资公司。公司致力于成为最好的旅游内容提供者，在中国市场开展了图书出版、数字信息服务和线下服务三大业务。

BPG MD is a joint venture established by Chinese publisher BPG and German publisher MAIRDUMONT GmbH & Co. KG. The company aims to be the best travel content provider in China and creates book publications, digital information and offline services for the Chinese market.

北京出版集团有限责任公司是北京市属最大的综合性出版机构，前身为 1948 年成立的北平大众书店。经过数十年的发展，北京出版集团现已发展成为拥有多家专业出版社、杂志社和十余家子公司的大型国有文化企业。

Beijing Publishing Group Co. Ltd. is the largest municipal publishing house in Beijing, established in 1948, formerly known as Beijing Public Bookstore. After decades of development, BPG has now developed a number of book and magazine publishing houses and holds more than 10 subsidiaries of state-owned cultural enterprises.

德国梅尔杜蒙国际控股有限公司成立于 1948 年，致力于旅游信息服务业。这一家族式出版企业始终坚持关注新世界及文化的发现和探索。作为欧洲旅游信息服务的市场领导者，梅尔杜蒙公司提供丰富的旅游指南、地图、旅游门户网站、APP 应用程序以及其他相关旅游服务；拥有 Marco Polo、DUMONT、Baedeker 等诸多市场领先的旅游信息品牌。

MAIRDUMONT GmbH & Co. KG was founded in 1948 in Germany with the passion for travelling. Discovering the world and exploring new countries and cultures has since been the focus of the still family owned publishing group. As the market leader in Europe for travel information it offers a large portfolio of travel guides, maps, travel and mobility portals, apps as well as other touristic services. It's market leading travel information brands include Marco Polo, DUMONT, and Baedeker.